系外惑星と太陽系

井田　茂
Shigeru Ida

岩波新書
1648

はじめに――天空と私、そして地球中心主義からの解放

宇宙に満ちあふれている惑星

天の川として夜空に見える銀河系は、恒星が数千億個も集まったものだ。最近の観測データをもとに、とくに太陽に似た恒星について見ると、そのなかの10〜20%のものの周りに、地球と同じくらいの大きさで、かつ液体の水の海を持っているかもしれない惑星が回っていると推定されている。海を持っていれば、そこには生命が生息している可能性があるので、そういう惑星を「ハビタブル惑星」と呼ぶこともある。「ハビタブル(habitable)」とは英語で「居住可能」という意味である。

この10〜20%という確率は、天文学者や惑星科学者にとって、以前にあった予想をはるかに超えた高い確率である。銀河系には、地球のような惑星がおよそ数百億個も存在しているようなのだ。「地球のような」という条件を外せば、惑星たち(惑星系)はほとんどの恒星に伴っていると推定される。

太陽系以外の惑星を「系外惑星」と呼んでいる。系外惑星の姿は、20世紀末から21世紀になって急速に明らかになってきた。

太陽系外に、海をもっているかもしれない惑星を探索する研究は、かつて「第二の地球探し」といわれることも多かった。「第二の地球探し」という目標には、地球のような惑星はきっと稀なもので、なかなか見つからないだろうという想像(もしくは期待)が入っていたと思う。だが、実際は、地球と同じような軌道、質量を持つ惑星は稀ではなくて、とてもありふれたもののようだ。ここではそのような惑星を「地球たち」と呼んでおくことにしよう。

「天空」と「私」

フランスの画家ゴーギャンは、「我々はどこから来たのか、我々は何者か、我々はどこへ行くのか」という絵を描いた。このタイトルは、しばしば引用されるので、聞いたことがある人も多いであろう。これは聖書の文言から来たのかもしれないが、人類についての問いでもあり、絵を見る自分自身についての問いでもある。そう考えると、これは現代の自然科学の問いかけとも重なる。

生物学は、現存する地球の生物を対象に、この問いに答えようとしている。脳科学は人類の脳の働きを調べ、バイオテクノロジーは主に人類の医療や福祉に関わるものである。また地球科学は、私たちが住む地球の成り立ちや由来をめぐって展開している。環境学は人類の住環境の快適性を志向する。これらは、やや乱暴に大きくまとめると、「私」の科学と言ってもいいかもしれない。

近年、ヒッグス粒子やニュートリノ振動、宇宙からの重力波など、人の日常からかけ離れた発見がニュースになっている。宇宙論あるいは素粒子物理学と呼ばれる研究分野だが、これらは「天空」の科学または「彼岸の領域」の科学と言ってもいいかもしれない。他に具体的に話題を挙げれば、「11次元超ひも理論」「ブラックホール」「ダークエネルギー」といった、まさに「あの世」の科学とも言えるものもある。このような科学には、「私」はなかなか入ってこない。

星を調べる天文学も、古代のプトレマイオス、近代のガリレオ、ニュートンといった名前を思い出すまでもなく、宇宙論とつながる「天空」の科学にちがいない。系外惑星は、銀河系に遍在する天体であり、系外惑星系の地球たちの研究も「天空」の科学である。無数に存在するはずの「ハビタブル惑星」「地球たち」のバラエティのひとつとして私たちの地球があり、ハビタブル惑星や「地球たち」全体を見ることによって、それらの本質や法則性というものを理解することができると考えられる。

ところが、系外惑星研究は「天空」の科学には違いないが、「ハビタブル惑星」や「地球たち」を通して、私たちが住むこの地球という「私」の科学にもつながっている。ハビタブル惑星や「地球たち」を知ることで、私たちの地球をより深く理解できるという言い方もできるのである。もちろん、逆にデータが豊富にあるこの地球についての知識が天空のハビタブル惑星や「地球たち」の理解につながるとも言える。地球は、ハビタブル惑星や「地球たち」のバラエティのひとつなのかもしれないが、その個性がかけがえのないものであり、全体の本質や法則性を探る「天空」の科学が重要であるのと同様に、自分たちにつながる豊穣な個を掘り下げる「私」の科学も重要なのである。

系外惑星の研究は、地続きで「天空」と「私」をつなげるユニークな研究分野なのであり、専門の研究者たちもどちらかの立場に重心を置きながらも、その「天空」と「私」を行き来しているのである。その「天空」と「私」の交錯が魅力でもあり、それゆえに研究の方向性が揺れ動くという難しさにもつながっている。

地球中心主義・太陽系中心主義からの解放

「第二の地球」「地球たち」「ハビタブル惑星」という言葉が、科学的に何を意味するかは、本書のテーマでもある。これらが生命を宿し得る惑星という意味ならば、最新の研究結果は、それは地球を彷彿させる姿の天体である必要はないということも示す。たとえば、「ハビタブル」の条件を、生命を宿し得るということで定義し、その条件を適当な惑星の質量・軌道、水・炭素・窒素の供給、エネルギーの供給というように捨象してしまうと、太陽系に似た惑星系である必要はなく、地球に似た惑星である必要もなくなる。このような定義にすると、ハビタブル惑星の概念は「第二の地球」「地球たち」よりも広くなるようである。さらには惑星である必要もなく、衛星でもよくなる。本書第5章では、具体的に、M型星のハビタブル・ゾーンの惑星や巨大ガス惑星の衛星などの、「異界」のハビタブル天体を具体的に議論する。

系外惑星の発見の猛烈な進展によって、これまでにあった「地球中心」「太陽系中心」主義は崩れ去ろうとしているのだ。その意味を説明するために、系外惑星の発見に至る歴史及びその発見による天文学者の考え方の大きな変化を簡単に紹介しておこう。

地球・太陽系中心主義は何百年もの間、天文学において地球外生命の存在の問題と絡みながら、常に議論の的であった。

「地球中心」主義というものは、キリスト教文化を支柱にした西洋社会においては、有史以来ずっと根底にあった。天文学は常にその考えと激しいやりとりをしてきた。１７世紀の地動説の登場によって地球中心の考えは脅かされた。特にヨハネス・ケプラーによる精密な観測データの解析は、それまでのニコラウス・コペルニクスやガリレオ・ガリレイによる単純な地動説を凌駕し、地動説を決定的にするとともに、ニュートン力学の誕生へとつながった。

地動説の確立により、地球は太陽系の中心の特別な場所にあるわけではなく、他の天体とともに太陽をめぐる天体の一つであるということが認識された。その結果、太陽自身や月も含めた太陽系天体のどこにでも生物が住んでいるのではないかという「多世界論」が席巻するようになった。もちろん、「多世界論」は西洋思想の根幹をなすキリスト教と衝突することになる。キリスト教としては、「地球は神に選ばれて、キリストが生まれた特別な場所」でなければならないからだ。

ところが、１９世紀末の分光観測という天文学の革命により、その場所に行かなくても、遠く離れた天体の大気の組成や温度が測定できるようになった結果、太陽は高温ガスの塊で、月には大気がなく、木星は低温ガスの塊であることがわかった。太陽系で生命が住めるのは地球だけかもしれないのだ。唯一の望みは火星になった。だが、火星への注目の結果は、当時一流の天文学者たちによる（悪意はなかったとしても）捏造という大スキャンダル「火星運河論争」を引き起こし、地球外生命の議論はタブーとなった。

太陽系内に望みがなくなった以上、別世界探索は系外惑星探索になった。20世紀初頭には、太陽は銀河系を構成する無数の恒星の一つで、銀河系も宇宙に無数にある銀河の一つだということが天文観測から明らかになっていた。太陽も世界の中心ではなかったのだ。私たちの地球は太陽の周りをめぐる小さな惑星の一つであり、天文学者は、太陽系と同じように、銀河系の他の星々にも惑星系が存在するだろうと考えた。

1940年代から大型望遠鏡を使った系外惑星の探索が始まったのだが、半世紀の間、系外惑星は発見されなかった。1980年代には、観測技術は十分なレベルに達していたので、系外惑星は存在しないか、もしくは非常に稀なのではないかという考えが出てきた。1990年代になると、すでに数が少なくなっていた観測チームは撤退を始めようとしていた。太陽系そして地球は、奇跡的に作られた特別なものではないかという、新たな地球・太陽系中心的な考えも議論されるようになった。

だが、1995年に突如、系外惑星が発見された。太陽系では木星や土星といった巨大ガス惑星は、太陽を遠く離れた円軌道を10〜30年かけてゆっくり周回している。だが、発見されたのは、中心の恒星のすぐ近傍を4日で高速周回しているガス惑星（ホット・ジュピター）だった。引き続いて発見されたのは、彗星のように偏心した楕円軌道を巡るガス惑星(エキセントリック・ジュピター)だった。天文学者たちは、ただただ唖然とするばかりであった。いったん、それが惑星だということが認識されると、系外惑星の発見は一気に進んだ。すでに十分な観測精度に達していたからだ。

なぜ、それまでの半世紀もの間、系外惑星を発見できなかったのか? 最大の理由は、中心星のそばに巨大な惑星が回っているなど、誰も想像していなかったからである。太陽系では、木星や土星は5天文単位よりも離れたところを10年以上の公転周期で回っている。中心星から離れた場所で巨大な惑星ができるはずだという合理的に見える理論も当時できあがっていた。太陽系しか知らなければ、それをベースにものを考えるしかないので、どうしても木星や土星と似たものを基礎にそこからのバリエーションを考えるしかない。科学者たちは常日頃、多様性と普遍性、偶然と必然というようなことを考えており、固定観念にとらわれず、なるべく広い可能性を考えるように心がけている。

しかし、太陽系というたった一つの例しか知らなかったために、最大限一般的に考えようとしたのだが、限界があり、意図せぬうちに太陽系の姿にとらわれすぎていた。それをひっくり返すことができたのは、実証データに裏打ちされた発見と、それがどんなに常識外れのものであっても、論理的に正しいならば認めるという科学的態度であり、それを楽しんでしまうという科学者の習性である。

こうして、天文学者たちは多様な惑星系の姿を受け入れた。初の系外惑星発見直後には、巨大ガス惑星は観測できても、地球サイズの惑星が発見されるには100年かかる、もしくは原理的に検出できない、と言われていた。しかし、木星より遥かに小さく(地球よりは若干大きいが)、地球と同じような岩石惑星と考えられる「スーパーアース(super-Earths)」が相次いで発見されるようになるのに、それから10年もかからなかった。何か劇的な技術革新があったわけではない。いろいろな部分の装置精度が上がっただけなのだが、その進展が急速なのだ。

今では、地球サイズの「アース(Earths)」も検出できるようになり、天文学者たちはスーパーアースやアースの遍在性は極めてすんなりと受け入れた。観測の制限もあって、発見されたスーパーアースやアースは、太陽系では全く天体が存在しない水星軌道のはるか内側に対応する軌道に編隊をなして存在する。こうして、「太陽系中心」主義は崩れ去った。

すでに述べたように、ハビタブル惑星の議論においても、「地球中心」主義は崩れ去ろうとしている。第5章で述べるように、専門家の間で注目されている、M型星の周りのハビタブル惑星に想像される環境は、1000㎞を超える深さの海、いつも同じ方向に見える赤外線を出す「太陽」、降り注ぐ強烈な紫外線・X線といったものが推定され、そのような惑星環境は地球のイメージから出発したバリエーションを考えるのでは到底及ばない代物である。系外惑星のこのような極限環境が議論されることもあって、太陽系内の木星や土星の氷衛星エウロパやエンケラドスの地底海の生命も議論されるようになってきた。

天文学者たちは、特にそれを意図してきたわけではないが、観測が進み、議論を進めるうちに、自然と地球中心主義・太陽系中心主義から解放されてきているのだ。

「無限」「唯一」への不安

さらに、人々の潜在意識になんとなくある「無限」への恐怖に近い感情、その正反対の「唯一」に対する忌避感は、「地球たち」や「ハビタブル惑星」の研究を複雑にし、面白くしている可能性も指摘しておきたい。

一般の聴衆向けに講演をしたりすると、「宇宙の果てはどうなっているのですか?」と聞かれることが多い。21世紀の宇宙望遠鏡WMAP、Planckなどによる観測から、この宇宙は「限りなく平坦」で「限りなく無限に近い」ということが示されている。この観測事実を説明すると、大概の人は「えっ、無限?」と困ったような顔をする。「宇宙の果て」について質問したということは、宇宙が有限の大きさだということを前提にしているからだ。こちらもそれがわかるので、「でも宇宙の年齢は有限で、光の速さも有限なので、認識できる宇宙の範囲は有限です」と言うと、なんとか安心してもらえる。どうも無限は人の心を不安にさせるようだ。

観測事実は、惑星系が銀河系内に遍く存在することを示している。「地球たち」「ハビタブル惑星」も、無限と言っていいような数が存在する可能性が高い。地球に生命が誕生したように、銀河系の中の地球に似た惑星たちにも、生命が住んでいるかもしれない。また、地球とはまるで違った天体でも、条件次第では地球の生物とは違った生命が住んでいるという可能性も考えられる。想像を膨らませれば、この銀河系には生命が満ちあふれているのかもしれない。

無数の惑星に生命が存在するとなると、私たちはまた不安になる。生命存在のための条件を厳しく考えて、安心できる(?)数にまで生命が存在する惑星を減らしたいという心理が、研究者であっても芽生えてしまってもおかしくない。

一方で、唯一であるという孤独感もばかにできないように思う。宇宙自体についても、この宇宙が唯一(ユニバース)ではなく、宇宙は他にも多数あるとする「マルチバース」というアイデアが提唱されている。それによると、高次元の空間の中で、無数の宇宙が生まれたり消えたりしているという。超ひも理論によれば、そうであってもおかしくないということだが、原理的に、マルチバースを観測することは不可能である。検証不可能なアイデアを議論する意味があるのかという批判は、科学として当然ある。しかし、マルチバースが注目されている理由のひとつに、この宇宙が唯一であるという孤独が解消されるということがあるのではないだろうか。

地球、そして生命も唯一であったとすると、人類は孤独感に耐えられない。そういうモティベーションから、「第二の地球を探せ」というキャッチフレーズがもてはやされるのかもしれない。無限に存在するのも困るが、地球が唯一であって、われわれが孤独というのも困る。銀河系内でいくつかの同胞が欲しい、というような感覚である。そのような潜在意識が、「第二の地球」「ハビタブル惑星」とは何かという議論に多分に影響を与えるのである。

系外惑星への旅へ

系外惑星は、天文学における革命的な発見によって、急進展している学問分野である。だが、ここで述べたように、それだけにとどまらず、哲学的とも言えるような側面、人間心理にからむ側面ももっていて、「無限」や「唯一」への不安感・忌避感に影響されつつも、「天空」と「私」をつなぎ、私達を(自己中心主義的世界観にもつながる)地球中心主義から解き放とうともしているのだ。

このような様々な側面が渾然一体となっている現在進行形の研究分野なので、系外惑星の研究の紹介はその切り口の角度がふらつくという難しさもあるが、本書では、その部分の整理を意識して記述しながら、できるだけその面白さをお伝えしたい。こんなことを頭におきつつ、系外惑星が切り開いている世界を旅していただければ幸いである。

目　次

第1章　銀河系に惑星は充満している

1　惑星系は普遍的な存在である

20世紀の天文学と物理学が明らかにしたことを簡単にまとめると次のように言えるかもしれない。宇宙には、織物文様のように「銀河」が散らばっている。「織物文様」というのは、銀河は完全に一様にばらけているのではなく、塊(銀河団、超銀河団)があったり、それらがまたつながったようなパターンが見えているからだ。そして銀河は、多数の同じような恒星と、主に水素とヘリウムの希薄なガスと、それに正体不明のダークマター(暗黒物質)が集まってできている。恒星は星間ガスと同じく、主に水素とヘリウムからできており、多くは太陽のように核融合で光っている。

われわれの銀河系(天の川銀河)もまた、宇宙の中の銀河のひとつである。銀河系には数千億の恒星が存在し、そのなかの恒星のひとつである太陽には、地球も含めて惑星がいくつも回っている。惑星は、太陽に比べたらずっと小さい天体であり、最も大きな木星でも、質量は太陽の約1000分の1である。

物理法則は宇宙のどこでも同じはずで、しかも太陽は平凡な恒星である。したがってどの恒星にも惑星系があるのではないかと思うのは自然である。銀河系の姿がわかってきた頃から他の星の世界を想像した人たちはいるようだが、１９４０年代には、天文学者たちは他の恒星の周りの惑星（系外惑星）の探索を実際に始めた。

系外惑星探し

系外惑星の探索方法は本章の後半で説明するので、詳しくはそちらを参照してほしいが、系外惑星観測のはじめの３０年くらいは、惑星公転によって恒星の位置が周期的に変化するのを精密に測定することで、惑星を探そうとしていた。しかし、大気の揺らぎがある中で、恒星の天球上の位置を正確に決めるのはなかなか大変で、また、位置変化の周期はとても長くなり（木星軌道と同じ惑星ならば１２年）、その間の装置の系統的なずれを排除することが難しい。結果として、最初の３０年間は、誤報が何度も出ては否定されるということが続いた。

その反省を受けて、中心星の動きを色の変化で調べようという視線速度法が採用された。色の変化ならば、大気の揺らぎの影響はあまり受けない。技術革新もあり、１９８０年代には、ホット・ジュピターなら、余裕で検出できるレベルに達していた。しかし、１９９５年まで何も発見できなかったのである。

なぜ、発見できなかったのかの最大の理由は、今から振り返ると、われわれの太陽系の姿に、あまりにとらわれすぎていたからだろうということは「はじめに」で既に述べた。データも取得できていたのだが、そのシグナルを、惑星だと認識することができなかったのである。

1995年のホット・ジュピター発見の後は、以前に取得していたデータを再解析するだけでも新惑星が次々と見つかっていき、観測は一気に進んだ。次々と新しい観測チームも参入してきた。後の2009年に打ち上げられて大活躍をする、ケプラー宇宙望遠鏡の計画もすぐに提案された。2003年には系外惑星の発見数は100個を超え、2010年には500個、2016年には3500個に達し、ほぼ確実と言える候補天体も加えると6000個に上っている。

惑星形成理論はほとんど完成されたと思われていたのが、以下に説明するような、多様な姿の(「異形(いぎょう)」と言ってもいい)惑星の存在によってひっくり返され、一から出直すことになった。

観測が示す重要なことには、系外惑星が多様な姿をしているということの他に、系外惑星は遍在しているということがある。これまでのデータをもとにすると、太陽型星(太陽と同じくらいの重さ、同じような表面温度で、同じような量のエネルギーを発する恒星で、スペクトル型で言うと、

Ｇ型を中心にＦ型、Ｋ型の一部も含む）の実に半分以上に、惑星が回っていることがわかってきた。恒星近くの軌道の惑星や重い惑星は観測しやすいが、太陽と地球の距離（１天文単位）ほどの遠さで、地球くらい小さな惑星は、まだ観測することは簡単ではない。それでも観測はぎりぎりのところまで来ている。ここまでの観測結果をその範囲まで延ばして推測すると、本書の冒頭で紹介した値——地球に似た惑星の存在確率が約１０～２０％——になったのである。系外惑星の発見ラッシュが続いている頃から、それくらいあってもおかしくないのではないかという考えは天文学者に漠然とあったが、その予想がずいぶんと確からしくなったのである。

なお以上は、銀河系内で太陽のそばの恒星だけを探索した結果である。銀河系の他の部分では探索は進んでいないのだが、他の部分でも恒星の種類にあまり変わりはないので、惑星系も同様に普遍的に存在していると考えられる。

惑星は奇跡の存在ではない

系外惑星がこれだけ発見された現在ではもはや想像しにくいが、太陽系は「奇跡の存在」であり、銀河系で稀有の存在と考えられていた期間はかなりあった。

２０世紀の前半に、太陽系がどのようにしてできたかを説明する有力モデルとして、「遭遇説」という考えがあった。これは他の恒星が太陽のすぐそばを通過して、その重力によって太陽の胴体からガスが引きずり出され、そのガスから惑星系ができたとするモデルである。太陽の胴体からガスが引きずり出されるためには、この恒星が、太陽の極めて近くを通り過ぎなければならない。銀河系の中でそのようなことがおこる確率を計算してみると、太陽の年齢46億年の時間をとったとしても、極めて低い。

なぜ、そのような奇跡的なイベントが太陽系でおこったのか。このような問題に対してしばしば持ち出されるのが、「人間原理」という理屈である。「そのような奇跡がおこったからこそ太陽には惑星系ができて、人類という知的生命が生まれたのだ。現実に人類は存在しているのだから、太陽系が奇跡の産物なのは当然なのだ」という。

系外惑星の観測事実が示しているように、惑星系ができることは決して奇跡などではない。恒星が生まれるときには、必然的に惑星系も形成されると言ってよい。つまり、「遭遇説」は誤りとなる。

しかし、惑星系は普遍的に存在するにしても、太陽系だけは特別で、生命を育む地球は奇跡の惑星なのだという、人間原理とも結びついた「太陽系中心主義」「地球中心主義」は、系外惑星が多数発見された後の現在でも、よく顔を出す。すでに述べたように、太陽と地球の距離ほどの場所にある地球くらいの重さの惑星は、まだ観測することは簡単ではない。実は、この後で図1-3を使って示すように、太陽系と同じ配置の惑星系があったとしても、現状の観測精度では、木星がぎりぎり引っかかるかどうかなので、太陽系と同じような惑星系や地球と同じような惑星は、多数存在していたとしても、われわれにはまだ見えていないのだ。自然と、発見されている惑星系の姿は太陽系と違うものばかりになる。

そのような事情があるのに、いまだに、「太陽系は特別」だと主張する専門家は少なからず、存在する。特にキリスト教文化が無意識に影響しているのか、欧米人はそうである。もちろん、観測データや計算データそのものには基本的には主観は入らない。データが意味することの解釈や今後の研究の方向性の議論といったところで、そういう主張がでてくる。現在、惑星が発見されていない、全体の約半分の恒星では太陽系のような惑星系が存在しているのかもしれないし、全く違う惑星系かもしれない。要するに、まだわからないというのが、正確なところなのだ。しかし、観測精度はどんどん向上している。このことが明らかになるのも近いであろう。

恒星形成の副産物として形成される惑星系

現在、標準的と考えられている惑星形成モデルにはいくつか柱がある。そのうちのもっとも基本的な柱が、惑星系はガス円盤からできたとする「円盤仮説」である。円盤仮説は、星形成の物理学が明らかになってきた20世紀中盤以降に有力になって、現在では円盤が実際に観測もされていて、ほぼ確実になっており、もはや「仮説」ではなくなっている。

円盤仮説をざっと説明すると、以下のようになる。

銀河系には、水素とヘリウムを主成分とする星間ガス雲が漂っている。星間ガス雲には濃淡のむらがあり、濃い部分が自らの重力によってさらに濃くなっていく。こうしてガス雲が収縮していくと、やがてガス雲の中心に原始星が形成される。原始星の中心の温度は、1000万年から1億年かけて徐々に上がっていき、やがて水素の核融合が始まって光り出し、安定な恒星となる(このような状態の星は「主系列星」と呼ばれる)。

さて、収縮前の星間ガスの塊は、全体として見ると、わずかながら回転している。ところが収縮が進行するにつれて、フィギュアスケートの選手が腕をたたむと回転が速くなるのと同じように、速く回転するようになる。すると遠心力が効いてくるので、ガス塊の一部は原始星に収縮しきれずに、その周りを円盤状に周回するようになる。これが惑星系の素となるガス円盤である。

ほぼ全ての原始星の周りにガス円盤が存在することが、実際に望遠鏡で観測されている。太陽系の惑星の軌道はほとんど同一平面上に揃っているし、系外惑星系でも、惑星の軌道面が揃っているものが多い。平たい円盤から惑星系ができたということは確実だろう。ガス円盤の組成は、水素、ヘリウムがほとんどを占める。これは宇宙全体の組成を反映している。終章で詳しく述べるが、銀河のガスには、他の恒星からまき散らされた、酸素、炭素、ネオン、窒素、マグネシウム、ケイ素、鉄などの元素も微量に含まれている。天文学では、このような微量元素を「重元素」と呼ぶ。これらは、他の恒星が燃えるときに中心部で作られ、その星の一生の最後に大爆発（超新星爆発）を起こして銀河にばらまかれたもので、低温のガス円盤では、ガスではなく微小な（マイクロメートル・サイズ以下）化合物のちり（ダスト）に凝縮して漂う。これらが惑星の素となる。地球や火星などは主に岩石や鉄でできている。天王星や海王星は氷も多い。木星や土星はガスの塊であるが、中心部に氷、岩石、鉄の芯があると考えられている。ちりが集まって小天体を作り、その小天体が長い時間をかけて衝突合体を繰り返して、惑星になっていくのである。そのプロセスの詳細については、第2章、第3章で説明する。

このモデルにしたがうと、恒星の周りには必然的に惑星系が形成されることになる。これは系外惑星の観測結果とも合っている。ただし、このままでは惑星系の多様性は何も説明していないし、第2章で述べるように、理論的には、惑星系が形成された後で生き残るかどうかは、実はそれほど単純な問題ではない。

2　系外惑星をどうやって見つけるのか

ここでは、惑星を発見する様々な方法を説明したいと思う。観測方法は世界の研究者の知恵比べになっている面もあって、仕掛けがなかなか面白い。観測精度も予算をいくらかけるかではなく、創意工夫と技術力の勝負になっている。したがって、予算も人員もあまりないチームが素晴らしい結果を出すことも多い。これまで系外惑星の観測にはタッチしていなかった新規参入組や、若手だけのチームが成果を上げることもある。このような観測技術の競争が系外惑星観測の急速な進展を支えている。

ここで注意してもらいたいことは、現在の系外惑星に関する知見が観測の制約によって様々なバイアスがかかっているということである。極端な例では、現状では見えていない惑星もまだたくさんあるのに、それを忘れてしまって、見えている惑星だけから結論を出してしまうこともよく見かける。

系外惑星を望遠鏡で直接見るという「直接撮像法」もあるが、これまでの主流は、中心星の光の変動から間接的に惑星を発見する「間接法」である。強烈な中心星の光がそばにあるため、惑星の光を直接とらえるのは簡単ではない。可視光（人の目で見える範囲の光であると同時に、太陽光が一番強い波長域の光）では、中心星と惑星の光度差は1億倍以上もあるのだ。ただし、中心星からかなり離れた、数十天文単位以上というような距離の軌道を回る巨大惑星に対しては、現在では、いくつか直接撮像が成功している。

間接法には、ドップラー効果を使って、中心星のふらつきを測る「視線速度法」、惑星が中心星の一部を隠す〝食(しょく)〟で見つける「トランジット法」、アインシュタインの一般相対性理論を使って惑星の存在を検出する「重力マイクロレンズ法」「位置観測法」など、何種類もある。ただし、重力マイクロレンズ法は惑星が回っている中心星を使うのではなく、背後にある恒星の光の変化を使う。

１９９５年以降の１５年くらいは、視線速度法が最も重要な方法だった。だが、２００９年にＮＡＳＡが打ち上げたケプラー宇宙望遠鏡の活躍により、現在ではトランジット法が快進撃をしていて、発見数も視線速度法を逆転している。位置観測法は７０年前から行われている伝統的な方法だが、一つも新しい惑星を発見できていない。やはり難しいのだ。重力マイクロレンズ法では、視線速度法やトランジット法では検出しにくい、中心星から数天文単位だけ離れた惑星が発見されやすく、直接撮像法では視線速度法やトランジット法では全く観測できない、数十天文単位以上離れた軌道の惑星を発見でき、それぞれの方法は相補的なものになっている。

ドップラー効果を使う視線速度法

中心星の周りを惑星が回っていると、中心星は常にわずかながらふらついている。これは、ハンマー投げで回転する選手にたとえることができる。つまり、回転する選手が中心星、ハンマーの鉄球が惑星である。中心星と惑星にはハンマーのワイヤーの部分がないが、代わりに重力で引き合っていて、距離を保っている。このとき、距離の2乗に反比例する重力と、公転周期の2乗と距離に比例する遠心力が釣り合っているので、公転周期は距離の3／2乗に比例することになる。距離が小さいほど速く回るのだ。たとえば、地球は1年で公転しているのに対して、距離が大きな木星は12年で公転している。それに対して、中心星のすぐそばを周回するホット・ジュピターの公転周期はたった数日である。一方で、中心星のふれの半径は、距離を質量の比で分けたものなので、惑星が重いほど、ふれの半径は大きくなる。

中心星のふらつきを星座の中での実際のみかけの方向のふれとして測るのが、位置観測法であるが、すでに述べたように、これはとても難しい。

中心星のふらつきを、みかけの方向ではなく、中心星の光のドップラー効果で調べるのが視線速度法である。ドップラー効果とは、救急車のサイレンの音が、近づいてくるときには高くなり、遠ざかるときには低くなるという現象といえばご存じであろう。恒星が出す光でも同じことがおきる。恒星がこちらに近づいてくるときには短い波長(青っぽい色)になり、遠ざかるときには長い波長(赤っぽい色)になる。惑星は周期運動をしているので、周期的に変化することになる。

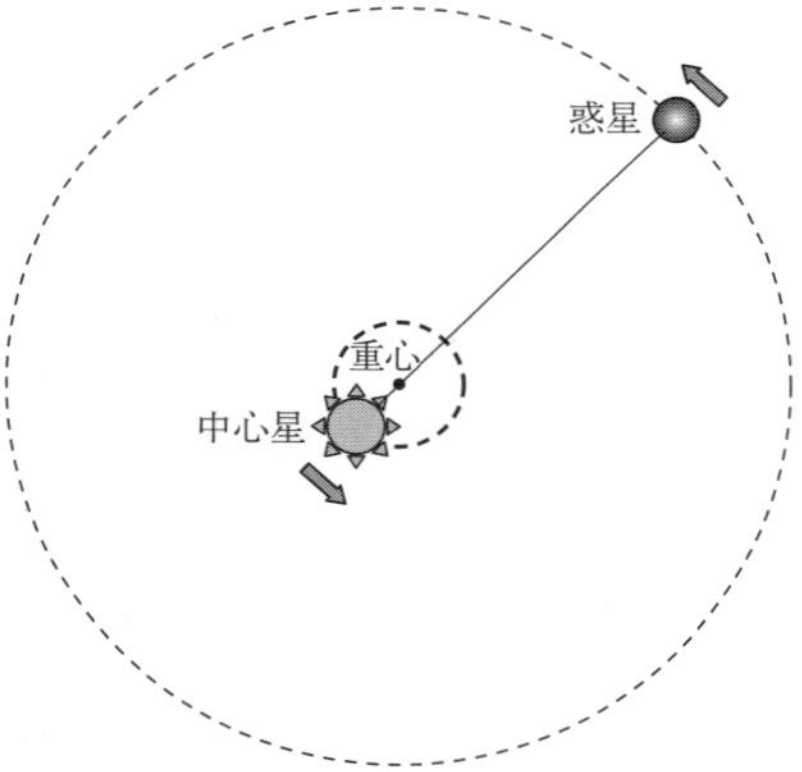

図1-1　惑星の公転による中心星のふれ運動.

中心星のふれの速度は、ふれの円周(ふれ半径の2π倍)を公転周期で割ったものなので、ふれ半径の大きい重い惑星や、公転周期が短い中心星に近い惑星ほど、大きくなる。そういう惑星ほど検出しやすい。公転周期は軌道半径の3／2乗に比例するので、観測でドップラー効果の変動周期がわかれば、惑星の軌道半径がわかるし、ドップラー効果の大きさがわかれば、惑星の質量がわかることになる(正確には決まるのは質量の下限値なのだが、平均として３０％程度の違いなので、あまり気にしないでよい)。

現在では、秒速１ｍを割るような視線速度変化も検出できるようになっている。秒速１ｍといえば、人が歩く速度くらいであり、驚異的な精度に達しているといえる。１９８０年代でも秒速１０〜２０ｍ程度の精度に達していた。ホット・ジュピターでは秒速５０〜数百ｍというものが多いので、当時でも余裕で検出できるはずだった。

地球の場合は秒速１０㎝に過ぎないので、まだ難しい。だが、質量は地球と同じでも、中心星が軽くて、軌道半径が数十分の１以下になれば(そういう惑星も多数存在する)、検出できる。太陽から４・２５光年しか離れていない隣の恒星、プロキシマ・ケンタウリ星で視線速度法により発見された惑星は、そういう惑星である。

木星の場合は秒速１３ｍ、土星の場合は秒速３ｍなので、速度としては検出可能だが、注意がいる。速度変化の周期を知るためには、その惑星の公転周期くらいの間は観測を続ける必要がある。木星の公転周期は１２年、土星は３０年である。土星くらいの公転周期になると、惑星がありそうだということがわかっても、確認できるのには長い年月がかかってしまう。この観測時間の問題に検出精度もあり、視線速度法では、あまり軌道半径が大きな惑星は確認できないことになる。

惑星の影を使うトランジット法

中心星の前を惑星が通過すると、中心星の明るさはそのぶん弱くなる。太陽と木星の場合、減光率は1％ほどになり、地上の口径10㎝というような小さな望遠鏡でもとらえられる。周期的に減光がおきれば、その周期が惑星の公転周期なので、前述のようにして惑星の軌道半径がわかる。また減光の大きさから惑星の断面積が計算できる。

2009年に打ち上げられた口径1ｍのケプラー宇宙望遠鏡は、空気のゆらぎがない宇宙空間での観測なので、0・01％の減光に対応する地球サイズの惑星はおろか、その半分ほどの火星サイズの惑星まで発見している。ケプラー宇宙望遠鏡は4700個の惑星の候補天体を発見しているが、そのうち、惑星に間違いないだろうと確認されたものは2300個ほどである。残りの候補天体も、ほとんどは惑星だろうと想像されている。

食が観測できるためには、軌道面と視線方向がほぼ揃っている必要がある。軌道面が視線方向に垂直だったら、決して食は観測できないが、惑星が中心星のすぐそばを回っていたら、軌道面と視線方向が結構ずれていても食は観測できる。食が観測できる確率は軌道半径に反比例し、軌道半径が木星のように5天文単位だと0・1％くらいだが、0・05天文単位にいるホッ

図1-2　SDO 宇宙望遠鏡がとらえた2012年の金星による太陽の食の連続写真(NASA/SDO/AIA)．系外惑星系では中心星も惑星も一点でしか見えないので，明るさの変化により食がおきていることを検出する．

ト・ジュピターの場合は10%にもなる。また、食をおこすのは公転周期ごとなので、木星の場合は、12年に一度しかおきない。一方で、ホット・ジュピターの場合は数日に1回だ。トランジット法では惑星が中心星から離れるほど、非常に不利になることがわかるであろう。

視線速度法では観測可能な軌道半径、質量の範囲に入っている惑星ならば、基本的に全て観測可能である。それに対して、トランジット法ではその範囲に入っていても、一部しか観測できない。その観測可能割合は軌道半径に反比例するので、観測データを見た場合に、本当の存在確率は見た目よりも軌道半径に応じて大きくしたものだということに注意がいる。

木星のような惑星が仮に存在していたとしても、12年に一度でも食がおきる確率が0・1%ということになるので、トランジット法で系外惑星の観測を本格的にやってみようとは誰も思わなかったのである。地上の小さな望遠鏡でも木星サイズの惑星による減光はとらえられるので、アマチュア天文家でも、もし本格的にチャレンジしていたら、１９９５年よりもずっと前にホット・ジュピターを発見していたかもしれない。

惑星重力による空間の歪みを使うマイクロレンズ法

マイクロレンズ法は、惑星の背後にある中心星とは別の恒星の光が、惑星の周辺を通過する際の明るさの変化をとらえる方法である。銀河系内を恒星は少しずつ移動しているので、地球から見て、背後の恒星と手前の惑星を持った恒星が重なって見えるときがある。

アインシュタインの一般相対性理論によると、質量を持つ物体の周りでは、その重力によって空間が歪み、光の経路が曲がる。銀河のような重い天体を通ってくる光は、背後の銀河が何重にも歪んだ虚像を作ったりする。これを「重力レンズ」現象と呼んでいる。恒星や惑星の場合は質量が小さく、レンズ効果が弱い。それでも距離によっては光が集まるのと同じ効果になって、背後の恒星の光が増光される。これを「マイクロレンズ」と呼んでいる。

惑星は恒星よりもずっと軽いので、増光もわずかだが、中心星とうまい具合の距離にあると、十分に観測可能な増光量になる。食をおこす恒星が、銀河中心付近のものの場合、われわれからの距離を考えると、惑星の軌道半径が数天文単位程度のときが一番大きな増光になる。つま

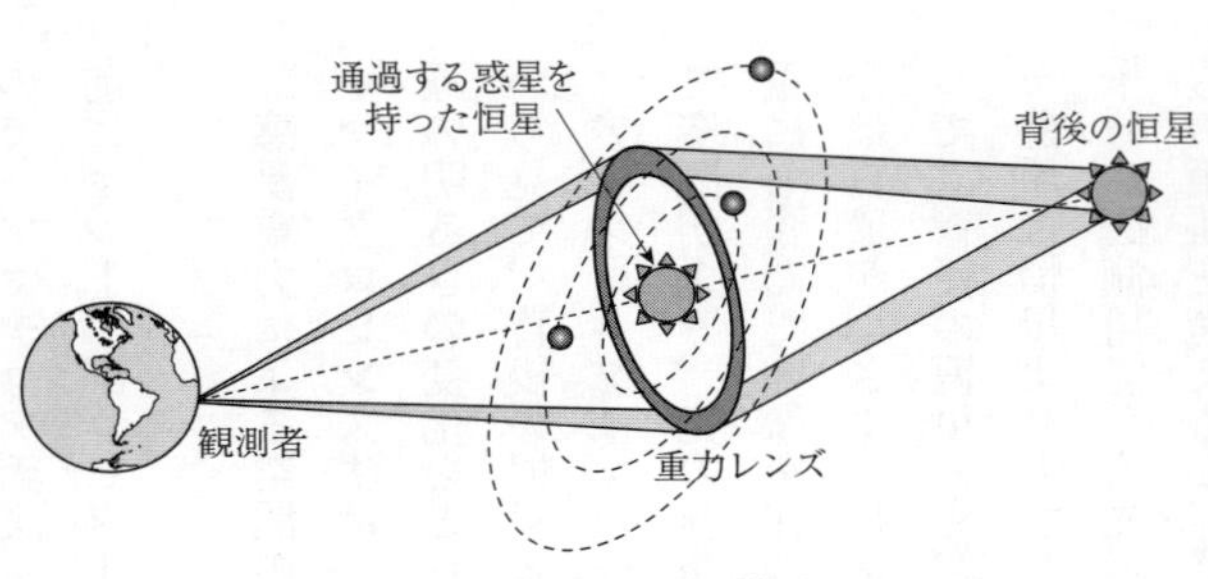

図 1-3　重力レンズの模式図.

り、この方法は、軌道半径が小さな惑星の検出が得意な視線速度法やトランジット法、数十天文単位以上の惑星の検出が得意な直接撮像法と違って、火星くらいの軌道半径の惑星を検出しやすい。

問題は、背後の恒星と重なって見えるようになる確率が極めて低いことに加えて、トランジット法では、食がくり返しおきるのに対して、マイクロレンズの場合の食は実際上、二度とおきない1回限りだということである。また、ある増光が観測されたとしても、いく通りもの惑星の質量や軌道半径の解があり、なかなか解析が大変である。

しかし、このマイクロレンズ法でも惑星はいくつも発見され、地球質量程度の惑星まで発見された(その発見で中心的な役割を果たしたのが大阪大、名古屋大の観測チームである)。

3　系外惑星の姿

系外惑星を俯瞰する

それでは、これまでに見つかった系外惑星の姿を見てみることにしよう。

図1-4は複数の惑星が発見されている系外惑星系の例を示している。比較のために太陽系も示してある。それぞれの丸の大きさが惑星の質量を表している。丸についている横棒は中心星からの距離の変動を表し、棒が長いほど、軌道が偏心した楕円軌道になっている。図1-5に示したように、楕円の長軸の半分を軌道長半径と呼び、楕円軌道の焦点のひとつに中心星がある。楕円の程度が強いほど偏心した軌道になり、公転の間に中心星からの距離が大きく変動する。時間平均した距離がだいたい軌道長半径に等しくなる。偏心の程度は、図1-5に示した軌道離心率というもので表す。軌道離心率は0〜1の値をとり、0は円軌道で、大きな値ほど細長い楕円になる。

まずは、太陽系惑星の特徴をまとめておこう(表1-1)。水星、金星、地球、火星は密度が高く、主に岩石や鉄でできていると推定されている(地球の場合は、地震波によって内部構造が精密に調べられている)。密度は、水素・ヘリウムガス、氷、岩石、鉄の順に高くなっていく。天王星と海王星の表面はガスに覆われており、密度は地球と土星の中間なので、ガスは10%くらいで、内部の大半は氷と岩石だろうと考えられている。木星や土星は、質量が大きく、自身

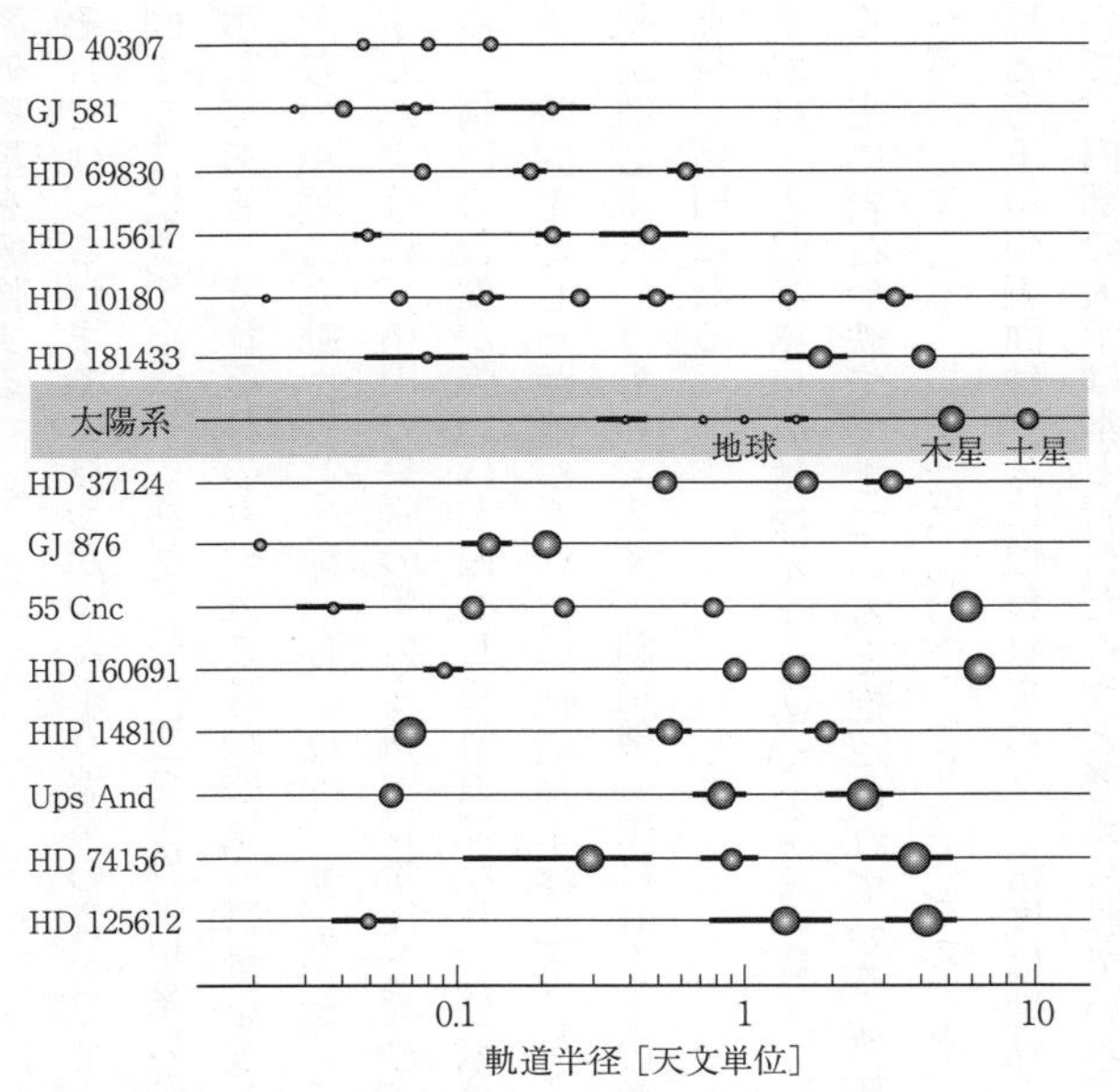

図 1-4　複数の惑星が発見されている系外惑星系の例．比較のために太陽系も示してある．Lovis *et al.*(2010)の図を改変．

の重力で圧縮が効いているはずなのに密度が高くない。そのため、質量の70～80％くらいが水素とヘリウムのガスで、残りが氷や岩石と推定されている。軌道に関しては、太陽系では一番軽い水星、二番目に軽い火星の軌道は多少偏心しているが、それ以外の惑星の軌道はほぼ円である。

図1-4を見るだけでも、発見された惑星系は太陽系とは異なる多様な姿をしていることがわかる。だが、惑星系はもっと大量に発見されてい

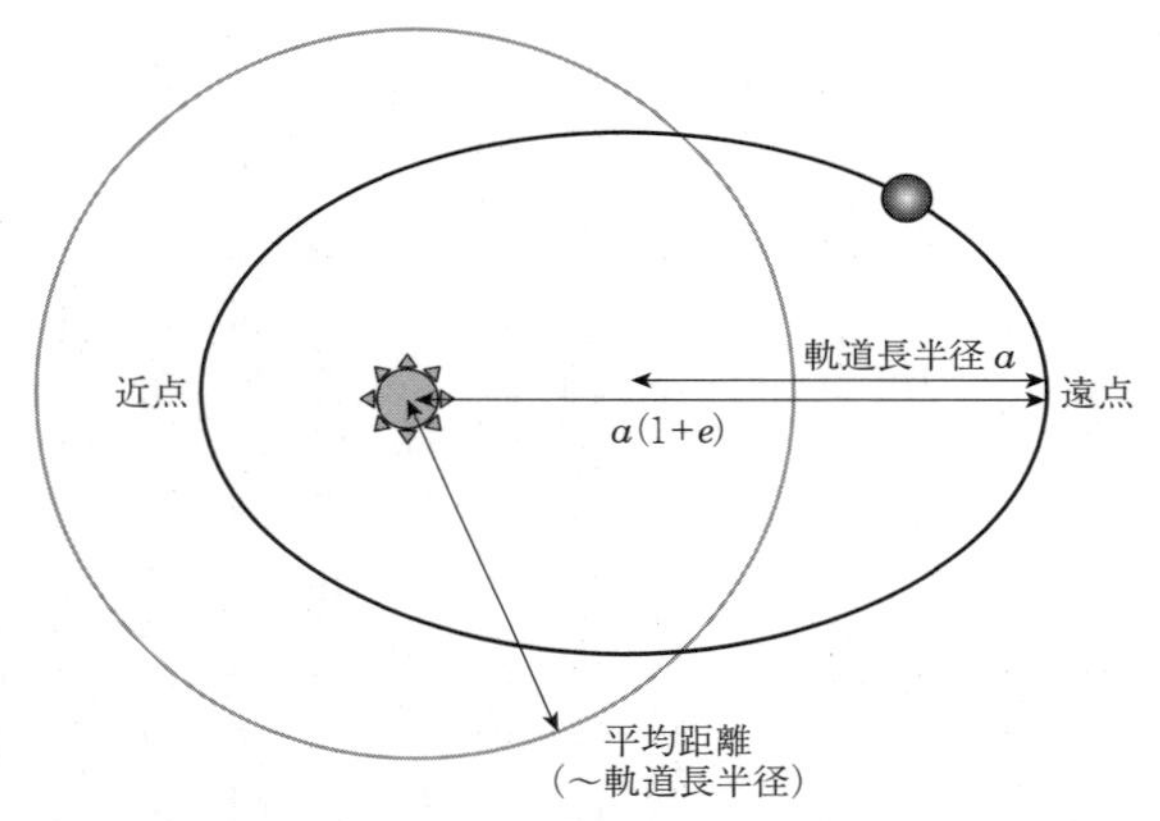

図 1-5　楕円軌道．楕円の長軸の半分を軌道長半径と呼ぶ．楕円軌道の焦点のひとつに中心星があり，楕円が細長いほど偏心する．軌道長半径を a として，最長距離を $a(1+e)$，最短距離を $a(1-e)$ として偏心の程度を e で表す．e を軌道離心率と呼ぶ．

表 1-1　太陽系惑星の特徴

惑星	軌道長半径 (天文単位)	質量 (地球=1)	密度 (g/cc)	軌道離心率
水星	0.39	0.055	5.4	0.21
金星	0.72	0.82	5.2	0.0068
地球	1	1	5.5	0.017
火星	1.52	0.11	3.9	0.093
木星	5.2	318	1.3	0.048
土星	9.6	95	0.69	0.054
天王星	19.2	15	1.3	0.047
海王星	30	17	1.6	0.0086

るし、観測精度の問題で、惑星系と言っても惑星が1つしか発見されていないものも多い。

そこで、発見された全ての惑星を一つの図に重ねてみて、観測限界も一緒に考えて、全体としてどういう分布になっているのかを見てみよう。つまり、個々の惑星系の詳細には立ち入らず、「天空の視点」で惑星の分布を眺めてみようということである。そのように俯瞰して見ることで、個々の惑星系の詳細を見ただけではわからないことが浮かび上がってくるのだ。

図1-6に、視線速度法で発見された惑星の質量と、軌道長半径をプロットした分布を示す。まず図の見方を説明しよう。縦軸が質量で、上に位置するほど重い。便宜上、木星の質量を1としている。横軸が軌道長半径で、地球のそれを1とし、左に位置するほど中心星に近く、右に行くほど遠くなる。座標軸は対数表示になっていて、大きい1目盛りが10倍の差を表していることに注意していただきたい。

発見された惑星の質量の範囲は、ほぼ地球程度から木星(地球の約320倍)の20倍程度に及んでいる。一方、軌道長半径は、水星軌道の10分の1程度の0・03天文単位という短距離から、5・2天文単位の木星軌道付近まで広がっている。

だが、この質量と軌道長半径の範囲は要注意だ。視線速度法では、すでに説明したように、視線速度が秒速1m以下、または公転周期が10年以上(軌道半径が5天文単位以上)の惑星の発

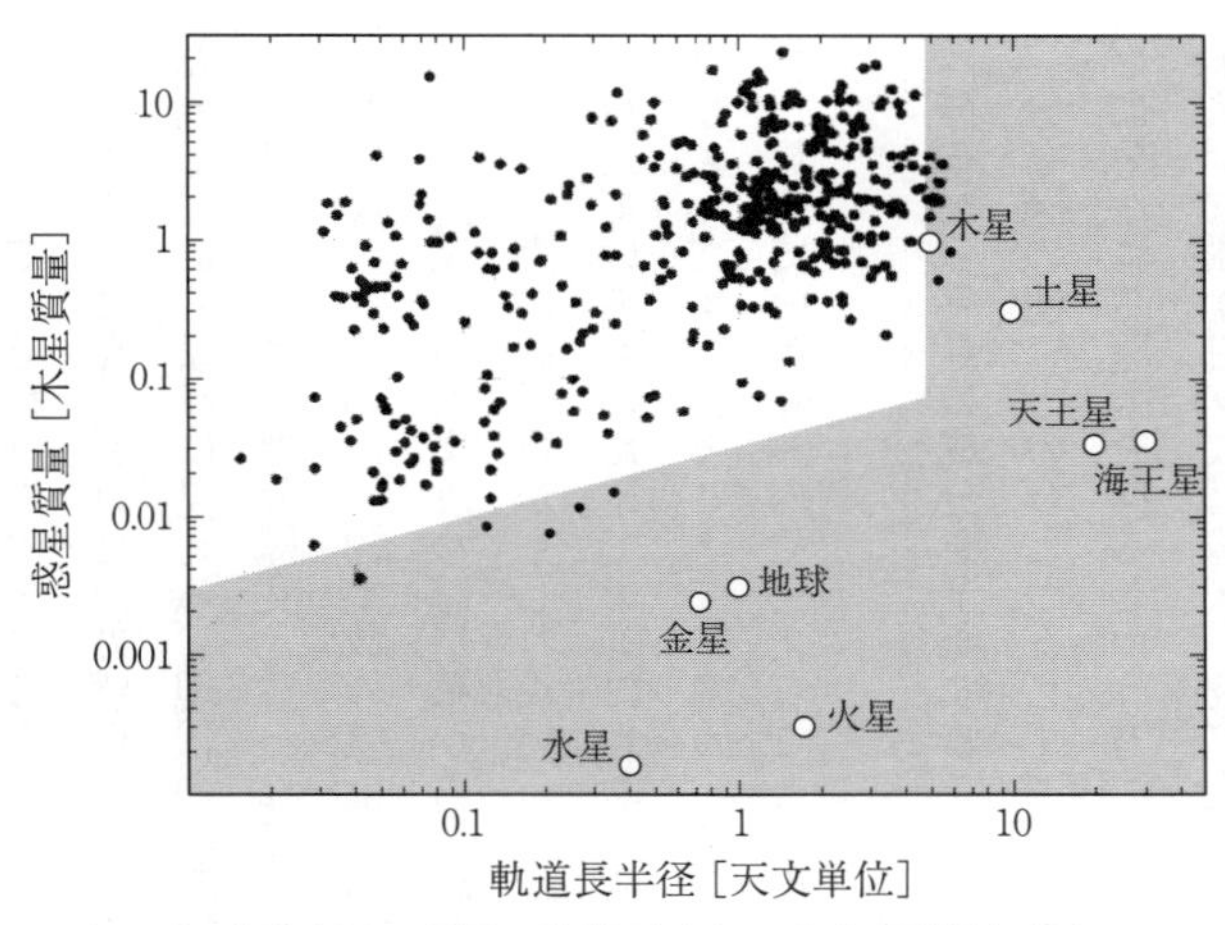

図 1-6　系外惑星の質量と軌道長半径の分布(視線速度法による観測). The Exoplanet Data Explorer(http://exoplanets.org)より. 参考のために, 太陽系の惑星も示してある. 影をつけた部分の質量と軌道長半径を持つ惑星は現状の視線速度法では検出が難しい.

見は難しい。質量分布が地球程度で途切れていること、特に軌道長半径が1天文単位程度以上では海王星の質量程度で途切れているのは、惑星の分布がそうなっているからではなく、観測の制限によるものと考えるのが正しいであろう。軌道長半径が5天文単位で途切れているのも同様である可能性が高い。

太陽系との違いは？

図1-6には、比較のために、太陽系の惑星も重ねて示しているが、太陽系と瓜二つの惑星系があったとしても、木星がぎりぎり引っかかるかどうかと

いうことで、それ以外の惑星は全く検出することができない。

これまでに発見された系外惑星と比較すると、太陽系の惑星は全体として、中心星から離れた軌道にあるように見える。現状の観測精度のもとで発見可能な質量、軌道長半径の惑星を持つ恒星は、全体の半分程度と言われている。つまり、視線速度法による観測ゆえ、見ている範囲が異なるとはいえ、約半数の惑星系の分布は太陽系と違っているようだ。しかし、残りの半分は太陽系と似たような惑星系かもしれないし、惑星は存在していないのかもしれないし、また違った姿の惑星系かもしれない。現状では、どれが正しいのかは、わからない。

見えているものだけで単純に判断するのは危険だということは、天文観測に限らず、一般社会においても言えることであろう。見えていない範囲があることを意識し、そこを想像した上で、見えている範囲内で言えることを正確に判断しなければならない。

分布から惑星の成分を予測する

分布図の使い方のひとつとして、データ点が密集している部分ごとに分類して、そのグループに分かれる原因を探るという方法がある。グループ分けという分類学からスタートして、それだけで終わるのではなく、その分類を引き起こしている背後に潜む仕組みを探りだすことで、科学は進歩する。ただし、いい加減な分類をもとにしてしまったら、仕組みを正しく見出すことはできない。データをひとつひとつ精査し、偏向を極力取り除いて、正確な分布を作りあげていくことも、そこから仕組みを探りだすことと同等に重要となる。

図1-6の系外惑星の分布を質量について見ると、木星の質量の0・1倍付近を境にして、それより重い惑星と、それより軽い惑星に分かれているように見える。これらの惑星の違いは何だろうか。

次章で説明する古典的標準モデルでは、軌道長半径が小さい領域には岩石を主成分とする小型の惑星群が、その外側にはガスを主成分とする巨大惑星群ができる。円盤ガスが惑星に加わることで、巨大ガス惑星と岩石惑星には１００倍もの質量差が生じる。これは、前に述べた太陽系の特徴とも一致する。

質量の観点で考えると、木星の質量の0・1倍より重い惑星はたぶんガス惑星で、それより軽い惑星は岩石や氷でできた惑星ではないかと推定できる。ガス惑星の軌道長半径が小さいものがあるということについては後で考える。

実際、密度が測定できている系外惑星のほとんどが、木星の質量の0・1倍で成分が分かれるという推定と合っている。密度は、視線速度法とトランジット法の両方で惑星を観測できれば、推定できる。ガスの密度は岩石や氷よりだいぶ低いので、密度からガス惑星なのか、岩石や氷を主成分とする固体惑星なのかの区別がつく。観測結果は、木星の質量の0・1倍より重い惑星では、(圧縮の効果を除いた)密度が低く、そのことからガス惑星だと判断されるのである。

このように、重さと主成分の関係から見ると、系外惑星は太陽系惑星と共通した性質を持ち、形成過程に関しては、ある程度同じ部分があると予想される。

灼熱のホット・ジュピター

図1-6に表示されている系外惑星は、すでに述べたように、太陽系惑星にくらべて全体的に左に寄っている。すなわち、軌道半径が小さい傾向がある。木星質量の0・1倍以上のガス惑星と思われる巨大惑星や、それよりやや小さいが、地球よりは重い海王星や天王星のクラスの惑星が太陽系でいえば木星軌道より内側を、さらに一部は水星軌道より内側の軌道を回っている。もちろん、視線速度法では、そのような軌道半径が小さい惑星が発見されやすいという事情もあるが、図1-6の目盛りが対数目盛りだということを考えると、想像を絶するほど中心星に近い巨大な惑星があることがわかる。なかには、質量は木星と同程度かそれ以上なのに対して、軌道半径は木星の100分の1程度、すなわち水星の軌道半径の10分の1程度しか

ないものがある。

水星は太陽に近いので、太陽の強い光を浴びて、灼熱の惑星になっている。これらの系外の巨大ガス惑星は、さらに強烈な高温になっているはずなので、「ホット・ジュピター」と呼ばれている(質量で言えば、ジュピター＝木星のクラス)。発見当初は「話題騒然の」という意味の「ホット」との掛言葉でもあった。どれくらいの軌道半径のガス惑星をホット・ジュピターと呼ぶのかの厳密な定義はないが、さきほどの分布図から０・１天文単位以下くらいのものを、そう呼ぶことが多い。

１９９５年に初めて発見された系外惑星(ペガスス座５１番星ｂ)はホット・ジュピターであった(ｂはペガスス座５１番星を中心星とした惑星の意味で、同じ中心星にいくつも発見されたときには、通常、発見順にｂ、ｃ、ｄ、……とつけていくことになっている)。この惑星は軌道半径が０・０５天文単位と小さく、それに応じて公転周期はたったの４日である。だから、あっという間に視線速度の変化が検出できる。

１９９５年以降しばらくは、ホット・ジュピターが次々と発見され、それが系外の巨大ガス惑星の代表選手のように言われていた。しかし、その後、少しずつ公転周期の長いものが発見されるようになった。視線速度法では軌道周期以上の期間、観測を続けなければならないので、長周期の惑星の発見には時間がかかる。1995年以降しばらくは、図1-6での軌道長半径の制限が大きくあった。例えば、初めは0・3天文単位より大きいところは発見できていなかったのが、データ取得開始からの時間経過にともなって1天文単位までは発見できるようになり、それが3天文単位まではいけるようになり……という感じで、発見可能領域がだんだん右に広がっていったのである。同時に新しい装置の登場や解析プログラムの改良によって、視線速度の制限の斜めの影の部分も下がっていき、観測できる「窓」の部分がどんどん広がっていったのである。クイズ番組で少しずつパネルを開いていって、何の写真か当てるような感じだ。

観測可能領域が5天文単位くらいにまで広がった現在の目で見てみると、むしろホット・ジュピターのほうが少数派であって、太陽系の木星や土星も対応するような、中心星からちょっと離れた巨大ガス惑星のほうが多数派だということがわかった。存在する頻度は、太陽と似た恒星(太陽型星)の周りのホット・ジュピターは1%程度(つまり恒星100個に1個)、また1天文単位より遠くの巨大ガス惑星は10%程度(恒星10個に1個)である。

このことは、目立つもの、見えやすいものが初めのうちに見つかるが、それが実際の全体の姿を表しているわけではないことを示す具体的な例である。だが、その多数派の比較的長周期の巨大惑星の軌道は、木星や土星とは違うものが多い。軌道の歪みに注目してみよう。

環境激変のエキセントリック・ジュピター

太陽系の惑星はみな円に近い軌道を描いているが、小惑星や彗星は、偏心して歪んだ楕円軌道を持っている。それゆえ、太陽に近づいたり、離れたりを繰り返している。彗星が太陽に近づいたときには、強い太陽光を受けて本体が蒸発して、尾をたなびかせる。惑星では水星が一番歪んだ軌道を持ち、太陽に近づいたときと遠ざかったときで、距離が±21%変わる（軌道離心率が0・21。表1-1参照）。次に歪んでいるのは火星で、±9%ほどである。

歪んだ軌道の場合、中心星に近いときは公転速度が大きく、遠いときは公転速度が小さくなる。それにしたがって視線速度の大きさが変動するので、視線速度法では円軌道なのか、どれくらい歪んだ楕円軌道なのかということもデータから読みとることができる。

図1-7は系外惑星の質量と軌道離心率の分布を示している。木星質量の0・1倍以上の巨大ガス惑星で軌道離心率がゼロのところに並んでいるのは、主にホット・ジュピターで、第3章で説明する潮汐力という効果で円軌道になっている。ホット・ジュピターを除いた、中心星から比較的離れた巨大ガス惑星に注目すると、なんと半分くらいは、軌道が水星軌道以上に偏心して歪んでいる。なかにはハレー彗星（軌道離心率0・97）くらい歪んだものもあり、公転の間

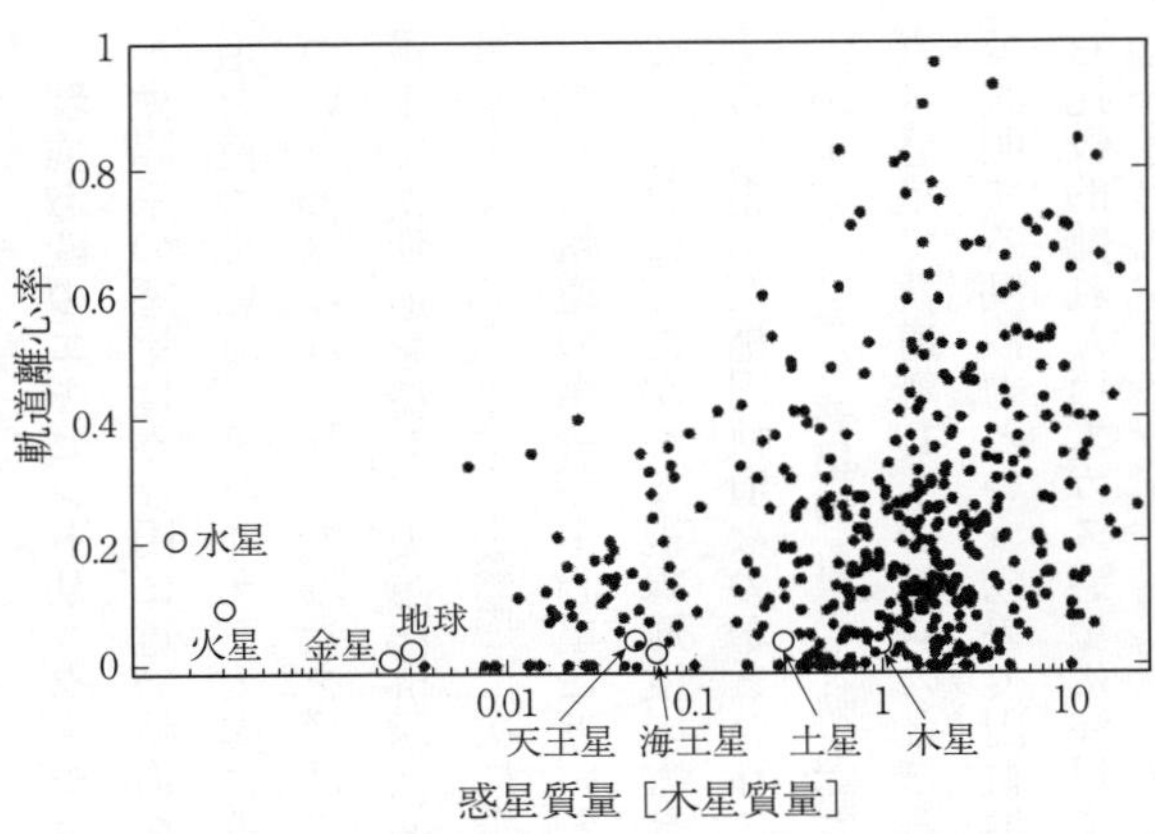

図 1-7　系外惑星の質量と軌道離心率の分布(視線速度法による観測). The Exoplanet Data Explorer (http://exoplanets.org) より. 参考のために, 太陽系の惑星も示してある.

に灼熱から極寒を繰り返しているのである。こうした巨大ガス惑星を「エキセントリック・ジュピター」と呼んでいる。

名称の「エキセントリック」は、軌道が偏心したという意味に加え、発見され始めたころは「風変わりな」という意味との掛言葉にもなっていた。当時は、このような歪んだ軌道の惑星は、確かに「風変わり」に見えたが、今となっては、発見された巨大ガス惑星の半数くらいは歪んだ軌道を持つので、もはや「風変わり」ではなくなった。

図1-7を見ると、不思議なことに気がつく。系外惑星では質量が大きいほうが、軌道離心率が大きいという、はっきりした傾向が見えるのだ。太陽系の惑星も同じ図にプロットしてある

が、太陽系では、質量が小さいほうが軌道離心率が大きい。軽い小惑星や彗星ではさらに軌道離心率は大きくなる。系外惑星の傾向とは逆の傾向である。重い惑星と軽い惑星や小天体が、お互いの重力で影響し合うと、軽い天体のほうが影響を大きく受けて、軌道が歪むはずなので、太陽系の傾向のほうが自然に見える。

ホット・ジュピターやエキセントリック・ジュピターの成因のアイデアについては、第３章で紹介する。質量と軌道離心率の関係における謎の種明かしのアイデアについても紹介する。

さらに異常なホット・ジュピター

ホット・ジュピターは観測をしやすいので、たくさんの情報が得られる。視線速度法とトランジット法の両方で観測できるものも多いのだが、その合わせ技で密度を測定することができることはすでに述べた。

そうやって密度を測定してみると、ホット・ジュピターのなかには、一番密度が低いはずの水素・ヘリウムガスよりも遥かに密度が低いように見えるものが多数発見されている。中心星に近くて温度が高いという効果を考慮しても、それよりずっと密度が低い。何か未知の熱源があって、惑星を膨らませているのかもしれない。

逆に、惑星構成物質の大半が岩石か氷でなければつじつまが合わないような、密度が非常に高いホット・ジュピターも発見されている。ガス惑星ではなく、超巨大岩石・氷惑星ということになる。先に述べたような、木星質量の0・1倍くらいで、惑星の主成分が分かれるということは、一般的には正しいと考えられるが、例外もあるようだ。

ホット・ジュピターのなかには、特別に風変わりな連中もいる。たとえば、中心星の自転とは逆向きに公転しているホット・ジュピターがいくつも発見されている。円盤仮説のところで述べたように、中心の恒星と、惑星を生む恒星周りのガス円盤は連動して形成される。そのような形成の仕方を考えると、中心星の自転と同じ向きに惑星が公転するのは、とても自然のように思える。実際、太陽系の惑星は、すべて太陽の自転と同じ方向に公転している。

だが、系外惑星系では、中心星の自転とは逆向きに公転するホット・ジュピターや垂直方向に公転するものがいくつも発見されている。観測方法はトランジット法と視線速度法をミックスした極めて巧妙な方法である。恒星は惑星の公転によって揺らされて、われわれの視線方向に対して遠ざかったり近づいたりするのだが、詳細に見ると、恒星が自転していると半分の面はわれわれに近づく成分、半面は遠ざかる成分があり、それらを平均した視線速度を観測している。惑星による食がおこると、自転によって様々な視線速度を持つ恒星表面の各部分を次々と通過して隠すことになるので、視線速度法で観測する恒星の動きが、みかけ上ずれてしまい、それが時間変化することになる。その時間変化は中心星自転と惑星公転の向きの角度によって決まるので、食に伴う視線速度の変化を観測することで、それの角度がわかる。この方法で、次々と「逆行ホット・ジュピター」が発見されていったのだ(この発見には東大の宇宙論グループの寄与が大きい)。その成因については第3章で考えることにする。

ホット・スーパーアースとホット・ネプチューン

次に、図1-6に戻って、比較的小さな惑星のことも考えてみよう。

ホット・ジュピターが存在するような、中心星に近い高温領域には、木星の質量の0・1倍より軽いが、地球の10倍以上の質量を持つ、海王星や天王星のクラスの惑星もたくさん発見されている。これらはガス惑星ではないと思われるが、中心星に近い高温領域に存在しているので、海王星や天王星のような氷惑星とは限らない。

これらの惑星のなかにも、密度を推定できるものがあり、測定してみると、氷主体と思われるものと、岩石主体と思われるものの両方があった。ただし、密度だけでは、岩石惑星が厚い大気をまとっている惑星と氷惑星の区別がつかないので、注意が必要であるが。

このような、高温領域にある、木星の質量の0・1倍より軽い、氷か岩石が主成分の惑星を「ホット・ネプチューン」(ネプチューン=海王星)、あるいは「ホット・スーパーアース」と呼ぶ。ここで言う「スーパー」は、英語で「以上」の意味で、地球より重いことを指しているが、「すごい」という意味の掛言葉にもなっている(ちなみに、メディアで最近よく使われる「スーパームーン」は天文学の専門家の間で使われることはない)。

太陽系外の「地球たち」

視線速度法では重い惑星しか検出できず、地球質量程度の「アース」の検出は、プロキシマ・ケンタウリb(中心星質量は太陽の8分の1で、惑星軌道長半径は0・05天文単位)のように、中心星が極めて軽く、軌道長半径が非常に小さいもの以外では、容易ではない。一方、ケプラー宇宙望遠鏡によるトランジット法では、地球サイズ程度の「アース」も次々と発見されている。

図1-8は、ケプラー宇宙望遠鏡が発見した惑星のデータである。横軸は図1-6と同じく、軌道長半径である。縦軸は図1-6と違って、惑星の大きさ(半径)を示している(重さではない)。地球の半径を1としており、ここでも対数目盛りで、1目盛り進むと1桁変化する。

図1-8の影をつけた部分は、惑星が存在していたとしても、この方法では検出が難しい部分を表す。ここでもやはり、惑星半径が小さいか軌道長半径が長いという理由で、太陽系惑星に対応する惑星は、検出の難しい領域に入る。

図1-8の左側の、軌道長半径が短く公転周期が短い領域にある惑星は、ケプラー宇宙望遠鏡が観測を続けた4年の間にたくさん食をおこしたので、データが多数たまって、小さな惑星も検出することができている(多数の観測結果を重ねると、シグナルは積み重なっていくのに対して、ノイズは打ち消しあっていくので、相対的にシグナルが目立つようになるからである)。中心星に近い軌道では、地球サイズどころか、火星サイズ、水星サイズの惑星まで発見されている。

図1-8では、軌道長半径0・1天文単位の周辺に惑星が固まっているように見えるが、これにも注意を要する。まず、地球軌道より遠く、公転周期にして1年以上の部分(図の右側)では、観測回数が少なくて、検出は難しくなる。さらに、前に説明したように、軌道長半径が長くなると、食をおこす確率が小さくなる。つまり、図1-8は軌道長半径については、実際の分布よりも中心星から遠い部分が大幅に少なくなっていることになる。

一方で、惑星の大きさについては、あるサイズ以下の惑星は検出できないというだけである。検出可能な範囲では、(一定の軌道半径について見れば、)実際のサイズ分布を反映している。

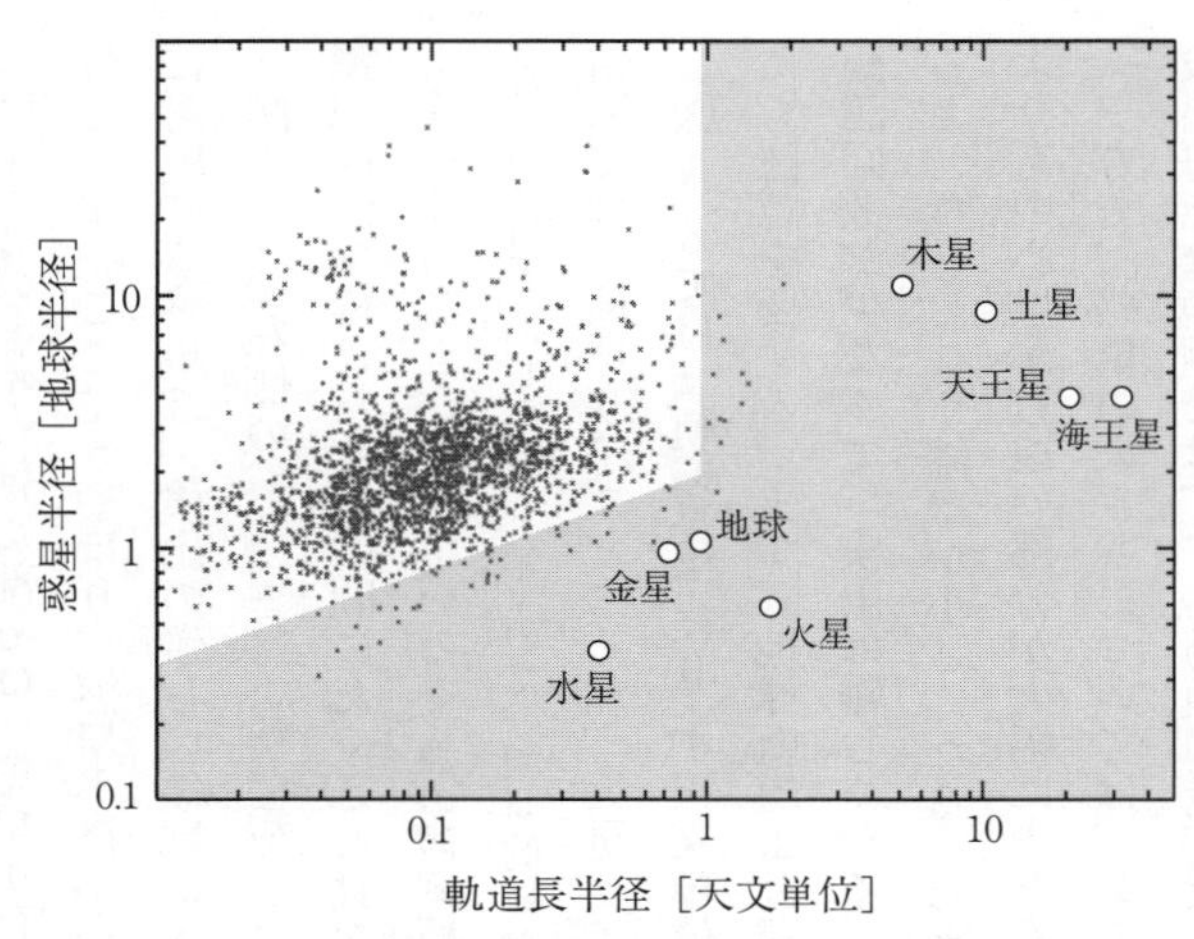

図1-8　ケプラー宇宙望遠鏡が発見した系外惑星．NASA Exoplanet Archive（http://exoplanetarchive.ipac.caltech.edu/exoplanetplots/）より．参考のために，太陽系の惑星も示してある．影をつけた部分のサイズ，軌道長半径を持つ惑星はケプラー宇宙望遠鏡での観測では検出が難しい．

図1-8で、中心星に近いところに注目していただきたい。この領域では、比較的小さな惑星まで検出できる。地球サイズの数倍くらいのところに、下側の密集と上側の散らばりを分けるぼんやりとした境目がある。そして、その境目は視線速度法の結果（図1-6）で、木星の0・1倍の質量に対応しているように見える。惑星質量によって密度が異なれば、質量と体積は必ずしも単純には結びつかないが、おおまかには質量が大きい惑星はサイズも大きいと解釈できる。

重要なのは、この境目の下側の、地球半径の2～3倍というスーパーアースのサイズの惑星の密集である。木星サイズの大きな惑星よりも明らかにたくさん存在している。小さいサイズの惑星のほうが観測しにくいので、ホット・ジュピターよりも圧倒的にホット・スーパーアースが大量に存在しているということは、揺るぎない事実である。

視線速度法による図1-6では、そこまでスーパーアースの密集は見えない。それは、スーパーアースを検出できるレベルの観測ができるようになったのが最近なのに対して、ホット・ジュピターの観測はもっと前から多数の観測の蓄積があるからである。それに対して、トランジット法によるケプラー宇宙望遠鏡は、同じ恒星のグループに対して同時に観測を行った。したがって、その検出数は実際の存在比を反映している。視線速度法でも、数は限られているが同じ恒星たちを対象に新たに観測を行って比較したところ、ケプラー宇宙望遠鏡の結果と同じく、ホット・ジュピターよりも圧倒的にホット・スーパーアースが大量に存在しているという結果が出ている。

宇宙に充満するスーパーアースとアース

ホット・スーパーアースまたはホット・アースが存在する確率は、ケプラー宇宙望遠鏡と地上望遠鏡による視線速度法の結果をまとめて解析すると、太陽型星では、なんと50%にも達するという見積もりになる。太陽型星の2つに1つにはホット・スーパーアース、またはホット・アースが存在するのである。

ただし、これは、これまでの観測限界内での話なので、惑星が見つかっていない残りの50%の太陽型星の周りにも惑星が存在している可能性は高い。もしかしたら太陽系に似たような惑星系も多く潜んでいるかもしれない。それを考慮すると、太陽型星のほぼ全てにスーパーアースまたはアースがあるという可能性がかなり高いと言えるであろう。太陽型でない、暗く赤いM型星でも、惑星の存在確率は太陽型の恒星とあまり変わらないようである。

さらに、大半の惑星系で、スーパーアースやアースは複数個回っているらしい。なぜなら、太陽系のように惑星の軌道面の傾きのずれが数度の範囲に収まっていると、複数の惑星の食が観測できるからである。4個や5個の惑星が食をおこしている例がいくつも発見されている。逆に言うと、スーパーアースやアースが存在している惑星系の大半は、太陽系と同じように、惑星の軌道面が揃っている。軌道も円軌道に近いものがほとんどである。エキセントリック・ジュピターのように、大きく歪んだ軌道になっているのは巨大ガス惑星ばかりで、それよりはずっと小さなスーパーアースやアースでは軌道が歪んでいないらしい。これはこれで不思議なことである。その理由は第3章で考えよう。

海を持つ惑星が回っている確率は１０～２０％？

惑星表面に液体の海が存在できる軌道の範囲を「ハビタブル・ゾーン」と呼ぶ。もし惑星表面に(物質としての)水が存在したら、凍結も蒸発もせず、液体として存在するような温度になっている場合をいう(詳しくは第3章で説明する)。中心星に近いほど惑星表面温度は高くなるので、水が凍結もしないし蒸発もしないという条件は、一定の軌道範囲に対応する。太陽と同じ明るさの恒星では、ハビタブル・ゾーンは0・9～1・5天文単位くらい(外側の境界には不定性が大きい)と見積もられていて、もちろん、地球はその中にきっちり入っている。

仮に、太陽のハビタブル・ゾーンを図1-6と図1-8にあてはめてみよう。視線速度法では、ハビタブル・ゾーンの地球サイズの惑星の発見はまだ難しい(図1-6)。しかし、ケプラー宇宙望遠鏡は、かなり肉薄していることがわかる。図1-8の惑星の分布は、観測が容易な小さい軌道半径の領域からハビタブル・ゾーンまで連続的につながっているようだ。すでに述べたように、トランジット法では軌道半径が比較的大きなハビタブル・ゾーンに近い部分の惑星はとらえにくい。そういった補正もして、トランジット法や視線速度法のデータを軌道半径が大きな方向に連続的に外挿してみると、本書の「はじめに」で述べた、「太陽と似た恒星には、地球のような大きさで、海を持つ可能性のある惑星が回っている確率が10〜20％あると推定される」という結果になるのである。10〜20％というのは非常に高い数字であるが、太陽型恒星がスーパーアースやアースを持つ確率は50％以上となっているので、それらがハビタブル・ゾーンに存在する確率が10〜20％あっても不思議ではないし、むしろ控えめなくらいである。

暗く赤いM型星では、全体にハビタブル・ゾーンはもっと中心星に近い。トランジット法どころか、視線速度法でもハビタブル・ゾーンのスーパーアース、アースは検出可能である。ネット・ニュースで「地球に似た惑星発見！」というものがくり返し流れるが、そのほとんどが、M型星のハビタブル・ゾーンの惑星である。現状ではハビタブル・ゾーンの地球型惑星は中心星に近いハビタブル・ゾーンを持つM型星でしか観測できないからである。プロキシマ・ケンタウリbも、そういう惑星である。

ここでの「地球に似た」は地球サイズに近い惑星でハビタブル・ゾーンに入っているという意味ならば正しい。だが、報道では地球に酷似した姿の「第二の地球」というイメージで語っているようだ。実際、「第二の地球発見」というフレーズもしばしば目にする。だが、第5章で述べるように、M型星のハビタブル・ゾーンの惑星は、惑星環境としては地球からはかけ離れたものになっていると予想される。どうもメディア報道はいまだに地球中心主義にとらわれているようだ(もちろん、その報道のソースは研究者であるはずなので、研究者側の責任もあるであろう)。

メディア報道だけではなく、SF映画でも似たような印象を持つことが多い。最近はハリウッド映画でもSFものが多くなっている傾向があるように思える。それは宇宙や最先端科学にリアリティが感じられるような時代になってきたということかもしれない。だが、かつては、空想の翼を広げていたはずのSF映画であるが、SF映画は人が主人公になることがほとんどなので、自然と、そこに出てくる惑星などの舞台は、地球中心主義の描写になりがちである。系外惑星の描写が人の物語の舞台設定に過ぎないならば、そのことについてあれこれいう意味はないが、それにしても現実の系外惑星研究の発展があまりに急速で、空想の翼を広げていたはずのSF映画ですら、最近では現実についていっていない。そんな印象すら持つ。このあたりの意味は、第4章、第5章の議論を読めば、わかってもらえるかと思う。

第2章　太陽系の形成は必然だったか

これまで系外惑星のデータについて見てきたが、本章と次の章では惑星がどのように形成されたのかを考えていくことにしよう。まずは、最も詳細なデータが得られている私たちの太陽系から見ていくことにする。「天空の視点」からの多様な系外惑星系の形成過程については、次の第3章で考える。

1　美しい古典的標準モデル

1980年代までに構築されていた惑星形成のモデルは太陽系の姿を美しく再現し、その姿は必然的だと示した。しかし、1995年以降の系外惑星系の発見は、そのモデルを大きく揺さぶった。

古典的標準モデルの概略

16世紀にニコラウス・コペルニクスやガリレオ・ガリレイが地動説を提唱し、17世紀にヨハネス・ケプラーが観測により惑星の楕円軌道を決定して、太陽系というものが認識されたが、その起源は大きな謎であった。１８世紀には哲学者イマヌエル・カントや数学者・物理学者ピエール＝シモン・ラプラスが、太陽の周りの円盤状のガス雲から惑星系ができたとする星雲説を提唱した。これは第1章で述べた円盤仮説の一種といえる。２０世紀に入ると、太陽の近くを通過した他の恒星によって太陽から惑星のもとが引っ張りだされたとする遭遇説が有力視されたりもした。

１９６０年代には天体物理学による恒星の形成と進化の理論が進展し、１９８０年代にはそれを基礎にして太陽系形成の「標準モデル」が確立していった。何百年にもわたる大きな謎に、ひとつの答えが与えられたように見えた。この時代の標準モデルを特に「古典的標準モデル」と呼ぶことにしよう。これから説明するように、古典的標準モデルは、太陽系の姿は必然的であることを示した。つまり、他の恒星の周りにも、太陽系の姿をコピーしたような惑星系が作られることを予測したのである。

系外惑星が発見された１９９５年まで、人類が知っていた惑星系は太陽系ただ一つだったので、惑星形成理論とは、太陽系の姿をどのように合理的に説明できるかという議論に等しかった。サンプルが一つしかなければ、そのサンプルがなす姿における必然性と偶然性の峻別は難しい。また、非常に稀な偶然であっても、その偶然のもとに地球が生まれて、人類が生まれたのだから、奇跡的な偶然の積み重ねで太陽系ができたとしてもよいのだ、とする人間原理的な議論も成り立ってしまう。

だが、1995年以降、猛烈な勢いで多様な系外惑星系が発見されたことで、惑星系形成そして太陽系形成についての研究は、考え方が根本的に変わってしまった。多様な系外惑星系の形成を説明するような惑星形成モデルをもとに考えると、太陽系の見え方もずいぶんと違ってくる。「太陽系中心主義」から解放された目で、太陽系を眺めることが可能になってきたのだ。

太陽系形成の古典的シナリオ

太陽系形成に関する古典的標準モデルは、基礎となる天体物理学は整備されていたが、原始惑星系円盤の観測データがなにもない時代に作られたものだ。だが、逆に観測データを説明するためにあわてるということなしに、じっくりと時間をかけて、物理的な論理を積み上げていったモデルなので、枠組みはしっかりしており、系外惑星系を考えるときにも、議論の基礎として使える部分は多い。まずは、太陽系形成の古典モデルを説明し、系外惑星の発見を踏まえて、モデルの問題点を指摘していこう。

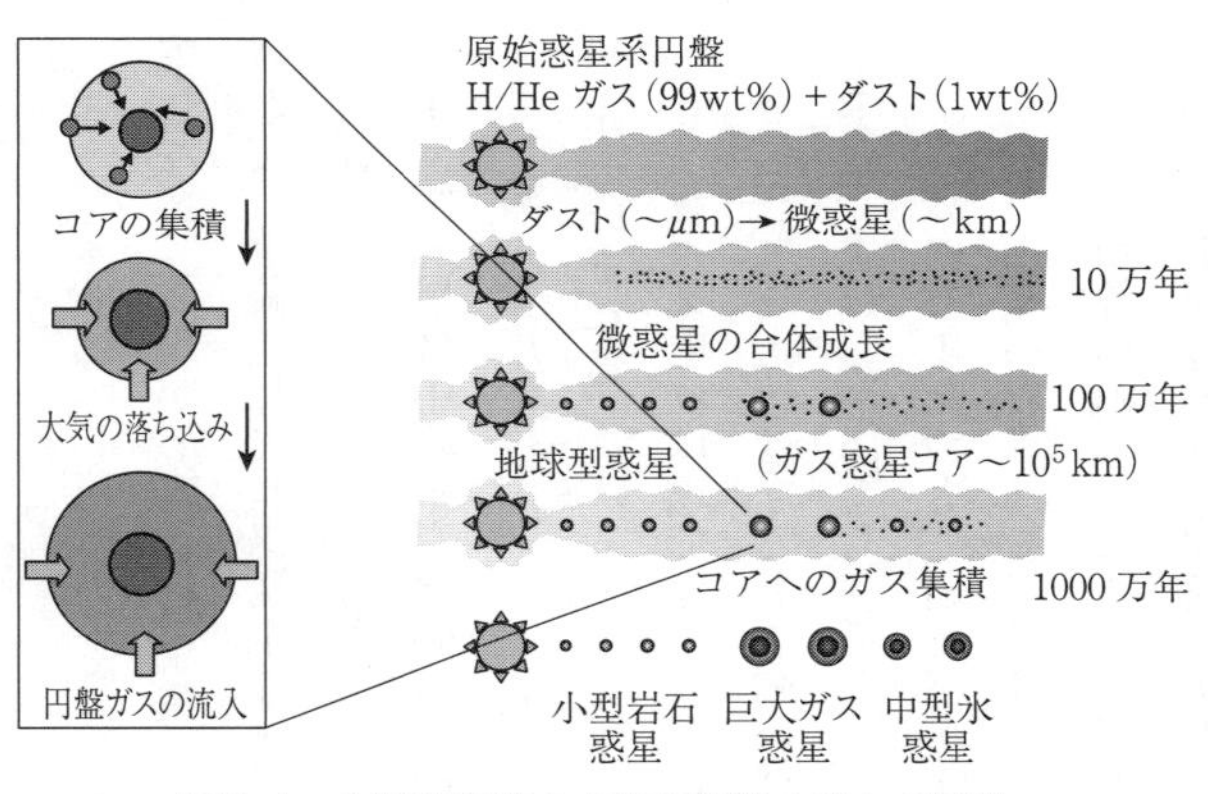

図 2-1　太陽系形成の古典的標準モデルの概略.

古典的標準モデルは、「円盤仮説」「微惑星仮説」の二本柱を基礎にした、以下のような多段階プロセスになっている(図2-1も参照のこと)。

⓪　銀河系に浮かぶ巨大なガス雲の密度の高い部分が収縮して、太陽質量程度の原始星が形成される。

①　原始星の周囲に、太陽の100分の1程度の質量の原始惑星系円盤が形成される。円盤はほとんど水素とヘリウムのガスでできているが、微量の重元素も含まれる。

②　円盤内で微粒子(ダスト)が凝縮する。中心星から遠いところほど温度が低くなるため、数天文単位以内では鉄、ケイ酸塩(ケイ素、酸素、マグネシウムなどの化合物で、要するに、岩石鉱物)がマイクロメートル・サイズ以下のダストとして凝縮する。数天文単位以遠では、氷(H_2O)も凝縮し、そこでは固体としては氷が主

成分になる。

③ダストは中心星重力(その円盤に垂直な成分)によって、円盤赤道面に沈殿する。十分に濃集したダスト層が形成されると、ダスト層が割れて無数の塊に分かれる。塊は自らの重力で収縮して、最終的にキロメートル・サイズの小天体が多数形成される。この小天体を「微惑星」と呼ぶ。

④微惑星は中心星を周回しながら、稀に衝突して、ゆっくりと合体成長していく。

⑤数天文単位以内では、岩石・鉄成分でできた、小型の地球型惑星(水星、金星、地球、火星)が形成される。

⑥数天文単位以遠では氷も材料に加わるので、大きな固体惑星ができる。地球質量の5〜10倍程度以上に達すると、強い惑星重力により円盤ガスが惑星に次々と流入し、巨大ガス惑星(木星、土星)が形成される。

⑦数百万年たつと、原始惑星系円盤ガスが消失する。

⑧中心星から離れるほど微惑星の合体成長は遅いので、20天文単位の軌道にある天王星、30天文単位の軌道にある海王星が完成した頃には、円盤が消失しており、天王星や海王星は大量のガスを伴わない氷惑星として残る。

このモデルでは、太陽に近い軌道から、小型岩石惑星(地球型惑星)、巨大ガス惑星(木星型惑星)、中型氷惑星(海王星型惑星)が形成されることが必然的に説明されているように見える。また、ほぼ円運動をしている微惑星や円盤ガスを集めて惑星が形成されるので、惑星の軌道がほぼ円軌道になっていることも必然になる。このことは、太陽系の姿を見事に説明する。

古典的標準モデルへの道程、そして変革へ

この古典的標準モデルは、１９６０〜７０年代にモスクワの孤高のヴィクター・サフロノフによって先鞭が付けられ、７０〜８０年代に京都大学の林忠四郎や中澤清らのチームによって壮大な理論モデルとして完成されたものである。

後の原始惑星系円盤の観測では、古典的標準モデルで想定されたような円盤が、若い恒星の周りに実際に存在していることも証明されていった。初期条件の円盤も確認され、あまりに見事に太陽系の姿を説明するこのモデルによって、系外惑星系も太陽系と同じような姿をしているはずだと皆が思ったのも無理はない。筆者は京都大学チームの系譜に連なり、東京大学の大学院生時代、助手時代には、スパコンを使って、微惑星集積過程の詳細を明らかにすることに奮闘していた。その結果をもとにすると、太陽系のような姿の惑星系は、多少のバリエーショ

ンはあるものの、やはり普遍的であると結論された。

その一方で、1995年10月の人類史上初の系外惑星であるペガスス座51番星のホット・ジュピターが発見されるのだが、その直前の8月、当時の系外惑星探索のトップランナーが自身の十数年にわたる観測の結果をもとに「少なくとも木星レベルの系外惑星は存在しない」と結論する論文を発表した。同年の2月、原始惑星系円盤ガスの寿命は数百万年程度だという論文が「ネイチャー」誌に発表されていた。古典的標準モデルの円盤ガス流入では木星形成には一般に1000万年以上かかるとされていたので、これでは巨大ガス惑星は形成されない。「ネイチャー」誌の同じ号には、木星を持つ太陽系は稀な存在であり、さらに木星があるおかげで地球は大隕石衝突から逃れているので、高等生物が住む地球も稀な存在だと主張する記事も掲載された。「太陽系中心主義」「地球中心主義」の復活である。

東京工業大学の助教授になってすぐの筆者は、同じ1995年9月にカリフォルニア大学サンタクルーズ校に1年の共同研究のために渡った。その翌月にペガスス座51番星bが発見され、それが引き金となってゴールドラッシュのような系外惑星の発見レースが始まった。事態は急展開した。

ペガスス座51番星bを発見したのは、スイス・ジュネーブ天文台のチームであったが、その後しばらくの発見レースはカリフォルニア大学サンタクルーズ校に本部があるリック天文台のチームが牽引することになった。筆者はめくるめくような系外惑星の発見レースの奔流に飲み込まれ、観測自身には関わらなかったものの、観測の研究者とも日々議論を交わしながら、古典的標準モデルの根本的な見直しに身を投じることとなった。観測が猛烈な勢いで進展している横で、これまで自分が拠って立ってきたものを解体し、再構築していくという作業は苦労も大きかったが、二度とないような刺激に溢れ、高揚感に満ちたものであった。

そうやって、系外惑星を知った後で、古典的標準モデルを見直してみると、各所でいろいろな問題があることがわかっていった。それまで唯一であった惑星系の例の太陽系の姿を説明するために、太陽系の姿に無意識のうちにとらわれて、意図せずに、いろいろな可能性を切り捨てていたのである。「天空の視点」でなるべく一般的に理論モデルを構築していたつもりだったが、知らず知らずのうちに、「太陽系中心主義」にからめとられていたのである。

2　円盤から始まった

多層的に組み立てられた古典的標準モデルの各過程を順々に、その問題点とともに見ていくことにしよう。まずは惑星形成が進行する場の原始惑星系円盤である。原始惑星系円盤の観測は１９９０年代に始まり、最近ではアルマ電波望遠鏡の登場により、さらなる飛躍が期待されている。

円盤仮説と微惑星仮説

円盤仮説は、太陽系の惑星の軌道面がほとんど揃っていることを根拠にしていた。それが揃っているということは、揃って生まれるような母体、つまり、円盤状のものから惑星系が生まれたと考えるのは自然なことだ。

もし、カントやラプラスが、系外惑星系の姿も知っていたら、円盤仮説はそうすんなりとは提唱しなかったであろう。第1章で紹介したように、系外惑星系では中心星の赤道面と垂直の軌道面をもつもの、中心星の自転と逆方向に公転するものまであるからだ。

だが、次に説明するように、１９９０年代以降に円盤が普遍的に存在しているという観測事実が得られ、惑星系は円盤から生まれたという説は動かし難く、もはや円盤仮説は仮説ではなく、確実な基礎となった。軌道面が中心星赤道面に揃っていない惑星は、円盤から生まれた後で、何らかの作用が働いたのであろう。

標準モデルでは、ダストがいったんキロメートル・サイズ以上の微惑星になり、その微惑星がビルディング・ブロックとなって固体惑星ができると考える。つまり、ちりが積もって惑星になるのではなく、小天体が積もると惑星になると考えるのだ。これを「微惑星仮説」と呼ぶ。

微惑星仮説に関しては、後で説明するように、異論も提出されるようになっている。ビルディング・ブロックは微惑星ではなく、とても「天体」とは呼べない10センチメートル・サイズの小石なのだという意見である。太陽系を眺めてみると、月面や水星には多数のクレーターが残っていて、かつて微惑星が多数衝突していたことは確かだと思われる。だが、本当に微惑星の集積が惑星の大部分を作ったという証明にはなっていない。ビルディング・ブロックが微惑星なのか小石なのかについては、まだ決着はついていない。

原始惑星系円盤の観測

理論的には、星間ガス雲の濃い部分が自身の重力で収縮して形成されるときに、必然的に原始惑星系円盤が形成される。観測的にも生まれたばかり(100万年以内)の星のほとんどに円盤が実際に付随していることが1990年代以降にわかった。その円盤を観測したのは、パラボラアンテナの電波望遠鏡である。

図2-2　チリの標高5000 mのアタカマ砂漠に設置されたアルマ(ALMA)電波望遠鏡群(ALMA(ESO/NAOJ/NRAO), R. Hills (ALMA)).

なぜ、電波望遠鏡を使うのかというと、原始惑星系円盤の温度が、一般に恒星に比べて、非常に低く、そういう低温の物体は目で見える光(可視光)ではなく、電波を出すからである。

波長が０・３５〜０・８㎛程度の光が可視光であるが、それより長くて０・１㎜くらいまでの波長の光は赤外線、それよりもさらに長い波長の光は電波と呼ばれる。天文学の観測によく使われる電波は０・１〜１㎜程度、携帯電話の電波は１０㎝、テレビ電波は１〜１０ｍである。

物体が発する光の波長は物体の温度によって異なる。高温のものほど青白い(波長が短い)ということは日常でも経験することであろう。具体的に法則を書くと、温度Ｔの物体が出す光で一番強い波長は、λ[㎛]＝２９００／Ｔ[絶対温度](ウィーンの変位則)。ここで絶対温度はＫ(ケルビン)という単位で表すが、℃で表される摂氏に２７３

を足したものである。太陽表面温度は5800Kなので、太陽の光で一番強い波長は0・5㎛となる。つまり、太陽は可視光で一番強く輝いている(だから、地球の植物は可視光を使って光合成するように進化したのだろう)。

ところが、原始惑星系円盤では、中心星に極めて近い部分でも1000〜2000K程度で、中心星から離れた、円盤の大きな面積を占める部分では10〜100Kほどしかない。その部分から発せられる光の波長は0・3〜0・03㎜になる。つまり、円盤を観測するには、赤外線や電波を使うのがよいということになる。

望遠鏡の分解能は、望遠鏡の口径が大きいほどよくなるが、波長が長くなると物体の見分けがしにくくなる。波長が長い電波を利用する望遠鏡は巨大なものを作らないとならない。一方で、可視光だと、滑らかな鏡を使わなければならないが、電波の場合、面が少々雑に作ってあっても、波長が長いおかげで影響が出ないので、パラボラアンテナで十分だ。アルマ電波望遠鏡では、50台以上のパラボラアンテナを10㎞以上の範囲にばらまいて、巨大な口径をもつひとつの望遠鏡として使っている。

図 2-3　アルマ電波望遠鏡によって観測された原始惑星系円盤の写真(ESO). 円盤の半径は 100 天文単位ほど. たくさんのリング状の構造の成因については, まだ議論が続いていて, 結論はでていない.

原始惑星系円盤の姿

こうした電波望遠鏡の観測によって、発している電波の総量から、原始惑星系円盤の質量を推定することができる。その結果、円盤質量は、中心星質量の１０００分の１〜１０分の1という広い範囲に分布していることがわかった。また、中心値(軽い順に並べていったときの順番の真ん中のものの値)は、中心星質量の１００分の1程度である。これは古典的標準モデルで太陽系を作った円盤として推定された円盤の質量に一致する。円盤の半径(大きさ)は数十〜数百天文単位くらいのようである。

円盤は、星形成の副産物として、原始星の周りに回転の勢いを持ったガスが星に落ちきれずに取り残されるという形で形成されるのであったが、ずっと存在し続けるわけではない。観測からは、数百万年程度で消失すると考えられる。中心星の年齢を見積もって、円盤の存在確率を調べると、１００万年ではほぼ１００％なのに対して、それ以降では存在確率は急激に下がり、１０００万年では１０％以下になっているからだ。

円盤ガスは主に中心星に落ちて、消えていくと考えられている。その原因は、乱流だと考えられている。円盤ガスは中心星の重力で引っ張られて回転しているが、落ちないように支えているのは遠心力である。円盤ガスは乱流状態になっていると推察されているが、乱流状態でガスが絶えず混じり合うと、だんだんと回転の勢いを失っていく。反動で回転の勢いを増すガスもあるが、その勢いは円盤内で外向きに受け渡されていって、最終的に円盤の外縁部のごく一部のガスだけが回転が加速されて、外側に広がる。回転の勢いを失った、大部分の円盤ガスはやがて中心星に降り積もる。

原始惑星系円盤とは、星が形成されるときに、中心星への降り積もりが一時的に停滞した、かりそめの存在だということができる。この一時的な円盤の中で形成されて、取り残されるものが「惑星」である。

ダストの凝縮

後々の議論のためにも、ちり微粒子（ダスト）の凝縮の話をもう少し詳しくしておこう。中心星や原始惑星系円盤の主成分は水素とヘリウムのガスである。重元素は恒星の内部では全て蒸発してガスになっているが、低温の円盤では一部はダストとして凝縮する。まず、約１４００Ｋ以下で、鉄やケイ酸化合物（岩石成分）が凝縮する。１６０〜１７０Ｋでは氷（H_2O）が凝縮し、さらに低温の１００Ｋ以下の領域では、アンモニア（NH_3）や二酸化炭素（CO_2）、硫化水素（H_2S）などが凝縮する。

氷は０℃、つまり２７３Ｋくらいで凝縮するはずだと思うかもしれないが、これは1気圧の大気での話である。円盤ガスの圧力は桁違いに低いので、分子はばらばらになろうとしてしまうため、マイナス１００℃以下になって分子の運動がかなり弱くならないと、凝縮できない。

円盤の温度は、中心星からの加熱と放射の釣り合いで決まり、中心星から離れるにつれてゆっくりと下がる。単純に、物体へ入射する中心星放射と物体表面からの赤外線放出の釣り合いから求めた温度を「平衡温度」と呼んでいる。入射量は物体断面積、放出量は表面積に比例するので、平衡温度は物体の大きさによらずに、中心星からの距離だけに依存する。中心星から離れると入射が弱くなるので、温度は低くなる。この平衡温度モデルのもとでは、氷ダストは小惑星帯の外側領域（〜3天文単位）より遠くで凝縮し、アンモニアや二酸化炭素が凝縮するのは天王星軌道（〜１9天文単位）より遠くになる。

円盤からの電波のほとんどは、ダストが発しているものである。円盤のほとんどを占める水素やヘリウムガスは、光をスカスカ通してしまう。したがって、電波望遠鏡で観測できるのは円盤内のダスト総質量であって、その質量に太陽の重元素組成をもとにしたダストとガスの比率(約100倍)をかけて、ガスとダストの円盤総質量を見積もっている。

太陽系を作った原始惑星系円盤

古典的標準モデルでは太陽系を作った原始惑星系円盤を推定したと言ったが、その推定方法を見ておくことにする。惑星形成の初期条件として重要なのは、ダストの密度と円盤温度が中心星からの距離に応じてどう変わっているのかである。目下、アルマ電波望遠鏡によって、ダストの空間分布や円盤の温度分布の観測が精力的に進んでいるが、十分に明らかになるまでは、分布は仮定するしかない。

現在の太陽系惑星を作るのに必要最小限の円盤は「太陽系最小質量モデル」と呼ばれる。現在の太陽系の惑星の固体成分をなめらかに分布させて、その分布に太陽組成をもとにして、水素・ヘリウムガスの量を想像したものなので、「太陽系復元円盤」と呼ばれることもある。太陽系惑星が分布している数十天文単位内に入る円盤総質量を計算すると、太陽質量の100分の1程度となる。

この推定は、1990年代以降の電波観測から推定された円盤質量の典型的な値に一致するのだが、円盤質量は中心星質量の1000分の1〜10分の1という広い範囲に分布しているので、太陽系に比べて10倍もの材料物質があった惑星系も10分の1しかなかった惑星系もあっていいはずである。材料物質量が異なれば、作られる惑星系も異なって当然なので、初期材料物質量の違いが系外惑星系の多様性を生む可能性があることになる。そのあたりについては、第3章で述べることにする。

3　寡占成長モデルの成功と微惑星形成問題

古典的標準モデルの問題点はどうも、円盤の中でおこるプロセスにあるようである。微惑星が集積していく部分の暴走・寡占成長モデルは、古典的モデルの総仕上げという感の成功を収めた。しかし、そのおおもとの微惑星が作れないという「メートルの壁」の問題の存在が明確になってきた。「メートルの壁」の問題は、円盤の中でおこることである以上、再び円盤の問題にも返っていくことになる。

ダストから微惑星へ

ダストは円盤ガス中で、どのような運動をしているのだろうか？

室内でホコリは浮いている。風が吹けばホコリも舞い立つ。これは、小さなホコリでは重さに対して表面積が大きいので、空気抵抗がよく効いて、空気と一緒に運動しようとするからである。一方で、大きなホコリ球は舞い上がらず、部屋の隅に留まっている。このように、私たちの身の周りでも、物が小さいほど空気抵抗の効果が大きいことがわかる。円盤ガス内で凝縮した、マイクロメートル以下の小さなダストも、同様に円盤ガスと一緒に運動しようとする。

円盤ガスは数百万年かけてじわじわと中心星に落ち込んでいくので、小さなダストのままだと、一緒に落ち込んでしまい、何も残らない。しかし、ダストは静電気で互いにくっつくので、衝突すると成長していく。掃除していない部屋で大きなホコリ球ができるのと同じ仕組みである。大きなホコリ球は部屋の隅に取り残されるが、円盤内のダストも、直径が１㎞を超えるような大きさになれば、ガス抵抗は効かなくなり、円盤ガスとはほとんど独立に、天体として運動できるようになる。そうなると、円盤ガスが落ち込んでも、生き残ることができる。このようなキロメートル・サイズ以上の天体を「微惑星」と呼び、固体成分が微惑星なり原始惑星なりに変換されることが、惑星形成の基本なのである。

微惑星の形成プロセスについて、古典的標準モデルでは、以下のように考えた。まず、ダストは中心星の重力（その円盤面に垂直な成分）によって、円盤の赤道面に沈殿していく。ダストは小さなダストを次々と捕まえては大きくなって沈殿が加速していく。こうして円盤赤道面付近に、センチメートル・サイズくらいにまで成長したダストの層ができるであろう。

十分にダスト層が薄くなって、その層の密度が高くなると、ダスト相互の重力で引き合って塊を作ろうとして、ダストの層が分裂する。計算してみると、もとの個々のダストサイズによらずに、分裂塊はキロメートル・サイズになる。これが微惑星となると考えた。

メートルの壁

ところが、円盤の観測が進んでみると、円盤ガスは乱流状態にあるということがわかった。乱流状態では、ダストが巻き上げられてしまい、円盤赤道面に集まりにくくなる。結果として、ダスト層の密度が高くならないので、塊ができないのだ。

ならば、マイクロメートル・サイズからキロメートル・サイズまで、せっせとダストが衝突合体して成長すればいいように思うかもしれないが、そう簡単にはいかない。そもそも、重力があまり強くないダストでは、衝突してもうまくくっつかないという問題があるが、たとえ、くっついて成長したとしても、１０㎝～１ｍのサイズに達すると、成長する前にガス抵抗を受けて、中心星に落下してしまうはずなのだ。ガス円盤の回転速度は、ガスの圧力の効果によって、粒子の公転速度より微妙に遅くなっていて、ダストにしてみれば、常に進行方向に対して向かい風が吹いている。ガス抵抗があれば、粒子は公転の勢いを失って中心星に螺旋を描いて落ちていくのだ。

計算してみると、なんと、メートル・サイズの粒子では1天文単位をわずか１００年で中心星に落ちてしまうことになる。ガス円盤は数百万年存在しているので、あっと言う間だ。固体物質がそうやって落ちていってしまえば、惑星はできない。これは深刻な問題であり、「メートルの壁」と呼ばれている。

しかし、観測的には、恒星のまわりにはほとんど必然的に固体惑星が存在している。つまり、「メートルの壁」はほとんどの円盤で乗り越えられているはずなのだ。

このような粒子の急速な落下を逆手にとって、惑星を急成長させようとするのが、すでに名前を出した小石集積モデルである。一方で、図2-3の写真を見ると、円盤にはリング状の構造が入っている。そのような構造があると、ガス円盤の回転速度が変わって、その場所で粒子の落下が止まるのではないかという考えも出てきている。

このメートルの壁の問題は現在の惑星形成論においてとても重要な部分で、アルマの観測も加わって、現在、活発に議論されている。まだ解決はしていないが、第3章ではその議論の一部を紹介する。

本章では、仮にキロメートル以上のサイズの微惑星ができたとして、その後、何がおこるのかの話に進むことにしよう。ただし、微惑星なり原始惑星がいつどの場所に出来て、集積が進んでいくのかということは、話が変わる可能性があるということはわかった上で、どういうプロセスがこの後に進んでいくのかというところを見て欲しい。

足下がぐらついている中で話を進めるのは、気持ち悪いかもしれない。惑星形成は多段階のプロセスであり、ここの例のように不確定なプロセスもある。だが、その不確定性は十分に含んだ上で、足下がぐらついていてもモデルを組み上げてみて、系外惑星の観測データと比較検討して、また戻って再検討し、という泥臭く地道な作業を続けていくしかないであろうというのが、筆者の考えである。

微惑星から原始惑星へ

微惑星は、円盤ガスの抵抗はほとんど受けずに、中心星のまわりを公転する。微惑星は円運動をしている円盤の中で作られるので、当初は円軌道を描いているはずであるが、きれいに並んだままではない。中心星に近い微惑星ほど速く公転する（ケプラーの第3法則）ので、軌道が隣り合う微惑星は常に追い越し合いをする。このときにお互いの重力で軌道を乱し合って、軌道はだんだんと偏心した楕円になり、お互いの軌道は交差するようになって、ときには出会い頭に衝突がおこるようになる。

衝突というと、こなごなになって飛び散ることを想像するかもしれないが、微惑星は同じような方向に同じような速度で中心星を公転しているので、衝突速度は大きくなく、衝突はほとんどの場合、合体になる。キロメートル・サイズの微惑星を集めて地球を作るには、１０００億個もの微惑星が必要となる。その間、１０００万周くらい公転する必要がある。気が遠くなるような長いプロセスだ。

暴走成長と寡占成長

こうやって微惑星の衝突合体で惑星ができていくのであるが、微惑星は、みんなが平等に大きくなっていくのではない。微惑星質量が大きくなるにつれて衝突確率がどんどん増大していき、特定の微惑星が、他の大多数の小さいものをかき集めて暴走的に成長していくのである。

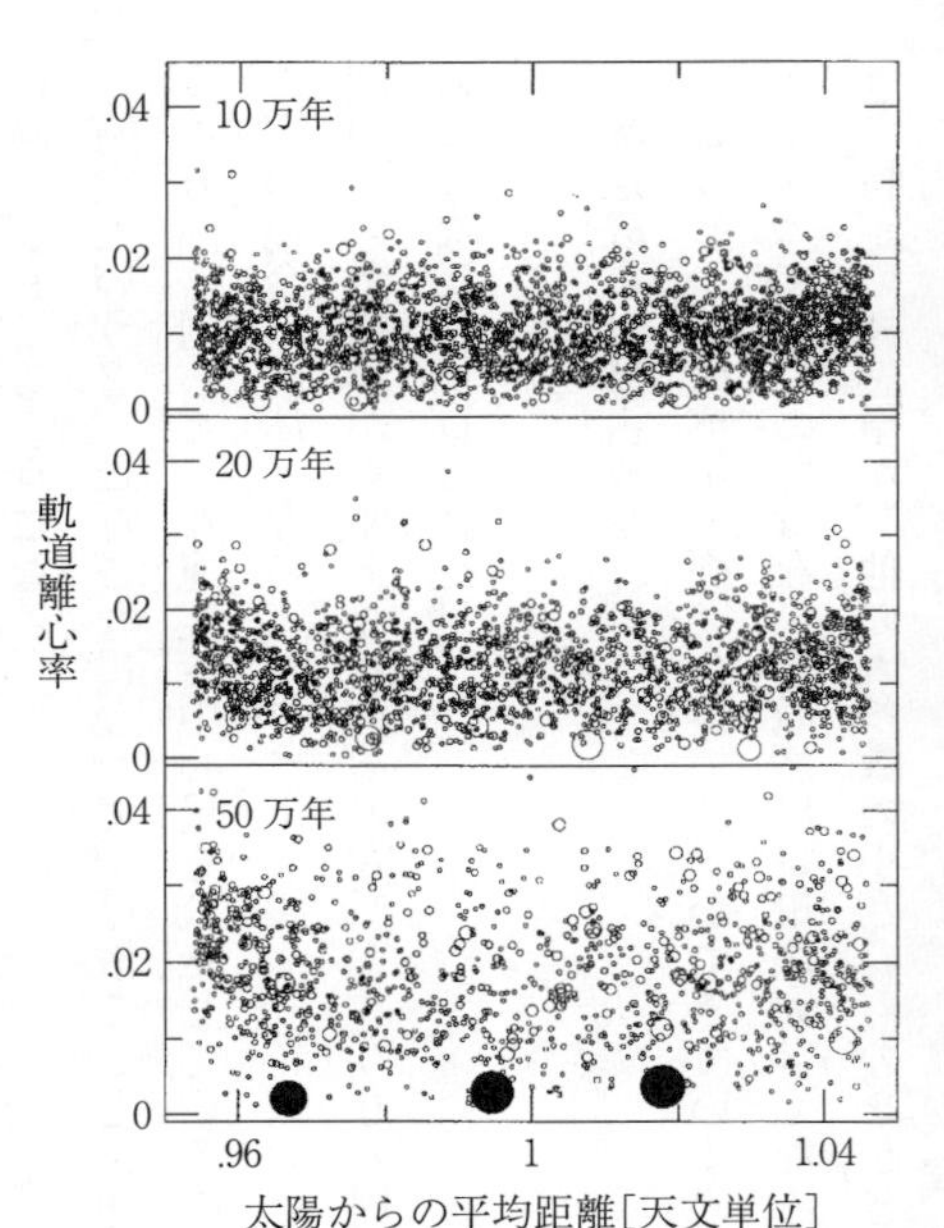

図 2-4　原始惑星の寡占成長のシミュレーション結果(Kokubo and Ida, *Icarus* 143, 15, 2000 の結果を改変). 図中の黒丸は原始惑星.

微惑星の、標的としての物理的な大きさ(幾何断面積)だけを考えると、質量が8倍になっても、幾何断面積は4倍にしかならない。ところが、微惑星質量が大きくなると重力が強くなるので、離れたところを通過しようとしている他の微惑星の軌道も曲げられて、衝突するようになる。したがって、微惑星が大きくなるにつれて衝突確率がどんどん大きくなって、暴走的な成長になるのである。このような暴走成長をおこして、他の微惑星から抜きん出た天体を、「原始惑星」と呼ぶことにしよう。

しかし、暴走成長がある程度進行すると、原始惑星に飛び込んでくる微惑星の軌道が、その原始惑星の重力の影響で、偏心してしまって、捕まえにくくなる。結果として、原始惑星の成長率は鈍ってしまう。暴走成長が十分に進行していない軌道領域では引き続き暴走が続く。つまり、軌道が交差できないような互いに独立な場所で成長する原始惑星たちの質量は近づいていく。

結果として、ある一定の軌道間隔をもった同じような大きさの原始惑星が形成されていくことになる。独裁者が惑星系を支配するのではなく、いくつもの支配者が群雄割拠するような状態になるので、このような成長の様式を「寡占成長」と呼ぶ。このような成長の様式は著者たちがコンピュータ・シミュレーションで発見したもので(図2-4参照)、著者たちが提案した寡占成長(oligarchic growth)という呼び名は世界的に定着している。

孤立質量——寡占成長の限界

寡占成長する原始惑星の成長には限界がある。近くの軌道の微惑星を食べ尽くしたときである。この限界質量を「孤立質量」と呼んでいる。

惑星材料物質の初期分布を与えると、中心星からの距離に応じて、孤立質量を見積もることができる。太陽系復元円盤の場合、孤立質量は1天文単位では地球質量の5分の1〜10分の1くらいにしかならず、このままでは地球や金星は形成できない。孤立質量は、外側に向かって少しずつ大きくなっていくし、H_2O 氷が凝縮する3天文単位以遠では材料量が増大するので、木星がある5天文単位では孤立質量は地球質量の5倍程度に達する。すぐ後に述べるように、この段階に達すると、その質量の惑星には円盤ガスも集積しはじめる。

寡占成長や孤立質量という概念は古典的標準モデルの後に出てきたものなので、地球や金星を作るには孤立質量が小さすぎるという問題は、古典的標準モデルが構築された当時では認識されていなかった。だが、解決策は見つかっている。巨大衝突という新たなフェーズである。

4　巨大衝突モデルの成功と暗雲

巨大衝突という概念は、寡占成長モデルの仕上げとなり、その帰結として月の形成も説明する。すべて辻褄があったかに見えたのだが、最近になって暗雲がたちこめつつある。

巨大衝突時代

原始惑星は円軌道を持つと予想される。なぜなら、微惑星は原始惑星の重力の影響で楕円軌道を持つが、その楕円の歪み方の方向はばらばらで、微惑星集団の平均的な軌道は円軌道になる。原始惑星は微惑星を重力で散乱すると、その反作用で軌道が微妙に変化する。原始惑星は多数の微惑星と相互作用するため、それらによる軌道変化は打ち消し合い、微惑星群の平均の円軌道に馴染もうとする。また、さらに、円運動する円盤ガスの運動にも馴染もうとする。重力が媒介して馴染むというのは変な気がするかもしれないが、微惑星とかガス分子とか、相手が多数いて、自分より小さい場合は、重力が抵抗力のように働くというのは、十分にわかっている性質だ。

しかし、微惑星が集積し尽くされて、円盤ガスも消えていくと、原始惑星の軌道を円に保つ力がなくなる。そうなると、軌道は離れていても、原始惑星同士の重力相互作用が積み重なって円軌道から離れて楕円になり、軌道が交差するようになる。同じような大きさの相手たちと散乱しあうと、打ち消し合いがうまく働かず、抵抗ではなく、乱れを作るのだ。この楕円化によって、原始惑星同士が衝突する巨大衝突の時代が始まる。

太陽系復元円盤では、０・５〜１・５天文単位の地球型惑星領域には地球質量の2倍程度の質量があるので、孤立質量から見積もって、寡占成長で形成される原始惑星は１０〜２０個程度である。これらが巨大衝突を繰り返し、最終的に地球質量程度の惑星が複数個形成される。

水星や火星は、巨大衝突をたまたま逃れた原始惑星だと考えられる。水星の質量は地球質量の約20分の1、火星の質量は地球質量の約10分の1で、まさに孤立質量に対応するのだ。

いったん楕円になった原始惑星の軌道も衝突の影響によって、円に近い軌道に戻っている。惑星は近づくことがなくなり、その後、中心星が主系列にある間(約100億年)では十分に安定を保つ。

火星ができない?

このように、地球型惑星の形成はうまく説明できたかのように述べたが、火星と水星について大きな問題点があることが最近になってわかってきた。

巨大衝突はランダムな衝突の積み重ねなので、巨大衝突で形成される惑星の性質を知ろうとすると、何度も計算の初期の位置を変えて計算して、その結果の共通した性質やばらつきの程度を調べなければならない。たとえば、3〜5個の惑星が最後に残るということは共通だが、最終的な惑星質量や惑星の軌道配置は、ある程度はばらつく。多数回の計算をするのは大変なので、1回1回の計算を短縮するために、かつては、現在の地球型惑星領域に対応する0・5〜1・5天文単位の領域だけに原始惑星を置いて、節約した計算をしていた。

ところが、計算能力がアップしてきて、0・5〜1・5天文単位の領域以外にも原始惑星を置いて計算すると、どうも火星の軌道あたりに形成される惑星が大きくなってしまって、地球質量かそれ以上になってしまう。水星軌道以内にも惑星ができてしまう。

よく考えると、それは当然である。孤立質量は外側に向かって少しずつ大きくなるはずであった。つまり、水星軌道の内側にも若干小さいにしても惑星が存在してもおかしくないし、火星は地球より大きいほうが自然で、小惑星帯にはもっと大きな惑星が存在してしかるべきである。だが、現在の小惑星帯には大きな惑星がないだけではなく、小惑星の総質量も地球質量の1000分の1程度に過ぎない。

もちろん、木星という巨大な惑星が5・2天文単位にあるので、その軌道のそばには別の惑星が存在することはできないが、2〜3天文単位の軌道に小惑星帯が、現在でも存在しているし、1・5天文単位にある火星の軌道へ木星重力の影響は大きくはない。

つまり、古典的標準モデルでは、実は太陽系の地球型惑星の配置は再現できないのである。これは盲点だった。太陽系の地球型惑星を再現するために、当時としては実行可能なぎりぎりのシミュレーションを行っていて、成功したように見えて、そこで喜んでしまって、その先が見えなくなっていたのである。太陽系の地球型惑星の配置を再現するには、どういうことを考えなければならないのかについても、系外惑星系も踏まえて、第3章で改めて考えることにしよう。

みかけ上の成功で先が見えなくなって失敗することは研究の上ではよくある。逆に、シミュレーションをやってみると、予想とは全く違う方向にうまく行って発見につながることもよくある。前者の失敗も後者の成功も、後から結果を知った上で考えると、当然なことなのだが、事前にはその「当然」がなかなか見えないのである。

巨大衝突による月の形成

地球の衛星である月は、この巨大衝突によって形成されたと考えられている。原始地球に火星サイズの原始惑星が衝突し、その破片が再び集まって月となったという説である。

月の平均密度(約3・3g/cm³)は地球(平均密度約5・5g/cm³)に比べてかなり低く、全体として見ると、鉄成分に欠乏し、岩石ばかりでできていると考えられる。地球のコア(鉄・ニッケル合金を主成分とした半径3500kmの中心核)に相当する部分がほとんどなさそうなのだ。

だが、岩石(ケイ酸塩)のダストと鉄のダストは同じような温度で凝縮し、共存しているはずで、したがって微惑星も原始惑星も岩石成分と鉄成分をある一定の割合で持っているはずである。

原始地球は、微惑星や原始惑星の衝突エネルギーのため、内部が融けていたはずで、そのため重い鉄分が中心に沈んでコアとなったと考えられている。あまり小さな原始惑星は融けないが、火星質量くらいの原始惑星では、強い惑星重力で加速されて、衝突速度が大きくなるので、衝突によって内部が融けて鉄のコアが作られる。

巨大衝突が正面衝突の場合には破片のほとんどは地球に落ちるが、斜め衝突の場合には、一定量の破片が地球の周回軌道に乗って円盤状になり、その破片が集まって月になる。

飛んできた原始惑星が地球に衝突した接触面の裏側の原始惑星マントル部分から出た破片は、そのままの勢いで地球の周回軌道に乗りやすい。原始惑星の接触面付近のマントルやコア部分は地球に落ちる。その破片がだんだんと集まって、月が形成するならば、岩石ばかりの成分になる。巨大衝突では、確率的に正面衝突よりも斜め衝突が多いので、火星サイズの天体衝突がおこるならば、月を作るのに必要な重さの破片円盤が作られる可能性は高いであろう。

その円盤からの月の集積については、たいがいの場合で急速に1つの月が集積するということや、どのような破片円盤ができれば、どれくらいの大きさの月ができるのかという法則性は、筆者たちがコンピュータ・シミュレーションで示したことである。このシミュレーションの当初の目的は、当時ではご都合主義的に見えた巨大衝突説を否定することだった。やってみたら、予想とは逆に、確実に形成されることが示されたのだ。

第4章で述べるように、月は地球の気候に絶大な影響を与えている。系外惑星系の地球型惑星でも、同じように衛星が気候をコントロールしている状況になっている確率は高いかもしれない。

だが、最近になって、巨大衝突説に大きな問題が指摘されている。1970年代に行われたアポロ計画によって、大量の月の石が採取された。近年、分析技術は格段に進歩し、40年余りを経て、月の石の再分析が精力的に行われている。その結果が示したことは、月の石の組成は地球のマントルとは異なっているが、元素の同位体比と呼ばれる原材料の出所を示す指標が、月と地球で、現状の限界の測定精度まで一致しているということである。同位体とは、たとえば、同じ酸素でありながら(つまり同じ電子の配置を持つ)、原子の重さが微妙に異なるものを言う。化学反応とは、電子配置の変化なので、化学反応では各同位体の比率は変わらない。たとえば、酸素の数が化学反応で半分になれば、同位体はその比を保ったまま全体として半分になる。

もちろん、同じような鉄と岩石のダストからできているので、同位体比の値は、各天体でだいたいは一致するのだが、作られた場所などの条件によって、多少は値が異なり、それは現代の高度な分析精度のもとでは、十分に区別がつくのである。火星も小惑星(隕石)も地球とは明らかに異なる酸素同位体比を持つ。地球上では、人間の赤血球と岩石でも酸素同位体の値はほぼ同じなので、火星人が紛れ込んでいたら血液検査をすれば見破れるというようなジョークも言われたりする。

ところが、月の岩石と地球物質は区別がつかない精度で同じ値を示すのだ。この分析結果は、月を作った材料は地球のマントルだと示しているように見える。だが、すでに説明したように、巨大衝突のシミュレーションは、月を作った材料は衝突してきた原始惑星のマントルからほとんど来たと示していて、矛盾しているのである。これは大問題で、現在、月の形成プロセスについての見直しが精力的に行われている。

5　木星型・海王星型惑星の形成問題

古典的標準モデルは木星型と海王星型の惑星がどのように作り分けられたのかを見事に示した。一方で、古典モデルでも懸念されていた木星型・海王星型惑星の芯となる固体惑星の形成の問題が、惑星落下という、より深刻な問題もはらみつつクローズアップされてきた。惑星落

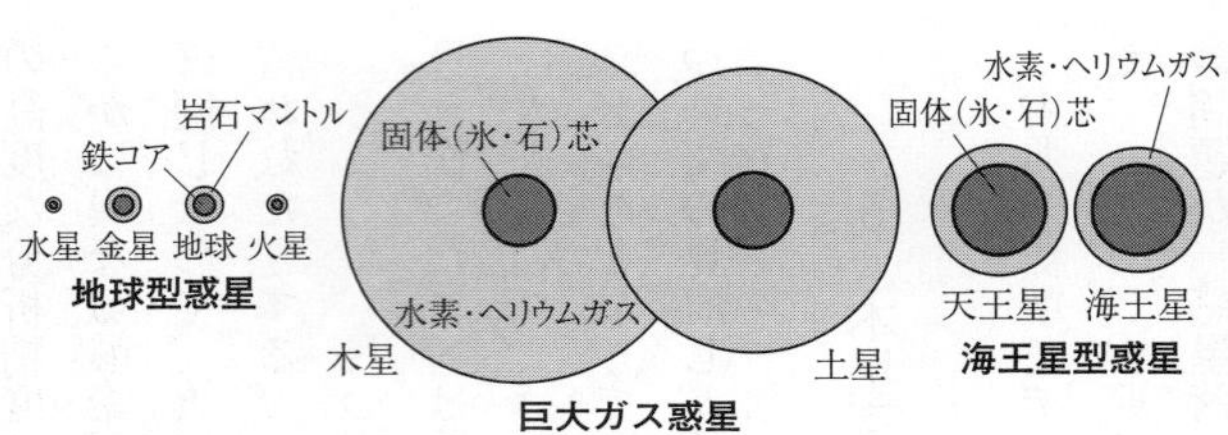

図 2-5　太陽系惑星の構造.

下問題も、再び円盤の話に返っていくことになる。

巨大ガス惑星の形成

太陽から3天文単位以上離れた場所では、氷ダストが凝縮する。中心星から離れたことによる効果も加わって、木星や土星が存在する5〜10天文単位の場所では、原始惑星の孤立質量は地球質量の5倍程度になる。

地球や金星は現在、大気を持っているが、地球や金星よりも1桁以上質量が小さい火星や水星は大気をほとんど持っていない。火星や水星ももともとは大気を持っていたのだが、重力が弱いので、大気が宇宙空間にだんだんと流れ出てしまったのだろうと考えられている。逆に質量が地球の5〜10倍というような大きな原始惑星になると、円盤ガスを引きつけて濃密な大気が形成され、その大気も重力源となって暴走的にガスが集まっていく。こうして、固体惑星を中心にその10倍以上もの質量の膨大なガスをまとった巨大ガス惑星が形成される。

木星は地球の318倍もの質量、土星も地球の95倍の質量を持っている。

地球型惑星の場合は、いったん孤立質量で成長がとどまって、円盤ガス消失後に巨大衝突時代に突入したのだが、木星や土星の場合は、孤立質量から巨大ガス惑星への劇的な変身という別の運命を辿ることになる。

さらに外側の氷惑星の形成

天王星の軌道長半径は19天文単位、海王星は30天文単位であり、9・6天文単位にある土星よりもさらに中心星から遠くにある。質量はそれぞれ地球質量の15倍、17倍で、太陽系復元モデルから計算した孤立質量とほぼ一致している。密度から、これらの惑星は大半が氷や岩石でできており、ガス成分は少ないと考えられている。つまり、海王星、天王星は、木星や土星とは違って、ガス流入をおこさずに終わった裸の固体惑星だということができる。

なぜ、そんなことになったのだろうか。まず、木星と土星の話に戻ってみよう。木星より軌道半径が大きい土星は孤立質量も大きくて、原始惑星の重力が強いので、本来は土星のほうが木星より大きくてしかるべきである。だが、土星は木星の3分の1の質量しか持っていない。

これに対するひとつの説明は、土星形成時に円盤ガスがほとんど残っていなかったからというものである。円盤ガスは数百万年をかけてだんだん枯渇していくので、土星はその枯渇ぎりぎりのタイミングで形成されたのではないかということだ。

軌道長半径が大きい場所では、微惑星や惑星の運動がそれだけゆっくりであり（公転周期は軌道長半径の3／2乗に比例する）、微惑星の空間密度は低くなっていく。この2つの効果を合わせると、微惑星から同じ重さの固体惑星が集積するのにかかる時間は、太陽系復元円盤では、軌道長半径の3乗に比例して延びると見積もられている。土星の軌道半径は木星の倍近くあるので、土星の固体コアが形成されるには、木星コアよりも約8倍（2^3倍）の長い時間がかかることになる。つまり、木星コアは円盤ガスが十分に存在しているときに形成したが、土星コアができたときには、すでに円盤ガスがほとんど枯渇していたので、地球質量の95倍で質量増大が止まったとしてもおかしくはない。

天王星や海王星は、土星よりもさらに軌道長半径が大きいので、孤立質量は十分に大きいものの、固体部分の成長に時間がかかりすぎて円盤ガスを集められなかったというのは自然なことであろう。

これは古典的標準モデルでのストーリーだが、すでに指摘したように、そのモデルでも木星や土星の集積の推定時間が円盤の寿命を超えるという問題があった。さらに、天王星や海王星の集積の推定時間が太陽系年齢46億年を超えそうだという懸念もあった。モデルの精密化でなんとかなるだろうという楽観もあったのだが、コンピュータ・シミュレーションの進歩による精密化の結果、この問題は深刻であるということがわかってきた。氷惑星の問題については、第3章であらためて論じたい。

第1章で述べたように、系外惑星系では地球質量の10倍を超えた質量を持つスーパーアースが多数発見されている。密度が推定されているものもいくつかあるが、どれも密度はガスよりは有意に高く、固体を主成分とした惑星だということは間違いない。これらのスーパーアースも円盤ガスを集めずに終わっているということである。だが、これらには、天王星や海王星の説明で使ったトリックは使えない。これらは中心星のそばに存在しており、成長は速かったはずだからである。もしかしたら、これらは、ガス円盤消失後に巨大衝突を起こして、地球質量の10倍以上の質量を得たので、ガスを集積できなかったのかもしれないが、まだよくわかっていない。

だが、木星形成の最大の問題は、惑星落下問題である。この問題によって、寡占成長から巨大衝突へというストーリーで成功を収めたはずの地球型惑星形成モデルもまた危機に瀕している。

惑星落下問題

ダストから微惑星への道筋での「メートルの壁」という困難について、すでに指摘したが、その先にも大きな問題があることが、古典的標準モデルが構築された後に指摘されている。「惑星落下問題」である。

ダストの「メートルの壁」は、ダストの公転が円盤ガスの抵抗によって減速して中心星のほうに落ちていってしまうことであった。ガスからの抵抗は、粒子が大きく、重くなるにつれて効かなくなる。ところが、火星くらいのサイズの原始惑星にまで成長すると、今度はガス円盤との重力相互作用が重要になってくる。惑星重力が大きくなってくると、その影響で、ガス円盤に密度の濃淡による凸凹ができ、その凸凹が惑星軌道に影響を与えるのである。太陽系復元円盤を考えると、1天文単位に回っている地球質量の惑星は、10万年くらいで中心星に落ちていってしまうという見積もりになる。

ただし、落下速度は惑星の質量に比例するので、小さいサイズの原始惑星に対しては影響が小さい。寡占成長モデルにしたがうと、太陽系復元円盤の1天文単位付近では、円盤ガスが存在する間は、いったん火星質量程度(地球の質量の10分の1)で成長が止まる。このサイズでは落下に要する時間は１００万年程度になり、円盤ガスの寿命である数百万年と比較すると、完全に中心星まで落ちきるかどうかは微妙である。しかし、大きく軌道が移動するだろうということは変わらない。

木星形成の場合は深刻である。固体の原始惑星が地球質量の5〜１０倍になると、円盤ガスを取り込めるようになるのだが、その質量の原始惑星が5天文単位にある場合、これも１０万年程度で中心星に落ちていってしまうと見積もられている。円盤ガスを取り込まないといけないので、円盤ガスが十分にある状態で、その質量にまで達しないといけない。地球型惑星の場合のような技は使えないのである。

この惑星落下の可能性は１９８０年代には認識されていた。しかし、このプロセスが本当に存在するならば、太陽系の再現ができないので、どこかに間違いがあるのだろうと、あまり深刻に考えられてこなかった。しかし、次章で説明するように、系外惑星はまさにこのプロセスを必要とするのである。

太陽系の必然性と系外惑星系の多様性

太陽系形成の古典的標準モデルでは、惑星は、現在の軌道の付近にもともとあった材料物質によって形成され、その軌道を保つと仮定されていた。しかし、惑星の軌道は移動するようである。メートルの壁の問題、火星形成の問題などなどもある。古典的標準モデルによって、太陽系の姿は見事に説明されたと思っていたのだが、実は太陽系の姿を説明することは、現状の理論モデルでは、いろいろな面で難しいというのが最新の認識である。

古典的標準モデルでは、太陽系を作るのに都合がいい円盤を初期条件としてポンと与えているのだが、観測事実や星形成理論からは、円盤は時間的に進化していることがわかっている。原始惑星系円盤の質量は、中心星質量の1000分の1〜10分の1倍に分布していると述べたが、それが初期条件のバラエティなのか、重い円盤が時間とともに軽い円盤に進化していて、いろいろな進化段階を見ているということなのかも判然としない。また、円盤進化にともなって、円盤の温度分布も変化していき、たとえば、円盤内での氷の凝縮領域も時間変化していくはずである。その場合、一体、いつの円盤の状態が惑星形成のスタートだと考えればいいのだろうか？

微惑星仮説が成り立っていて、微惑星が円盤の全ての領域でいっせいに形成できるならば、微惑星形成時の円盤を惑星形成の初期条件と考えてもいいかもしれないが、円盤の全ての領域で同時に微惑星形成がおこるとは考えにくいし、そもそも微惑星仮説にも疑義が出ている。

このように、太陽系形成モデルは大きく揺らいでいるのだが、裏を返すと、太陽系の姿の再現を妨げる要因がいくつもあるということは、太陽系とは異なる多様な系外惑星系の姿を説明することができるかもしれないということである。

次章では、ホット・ジュピターやエキセントリック・ジュピターなど異形の惑星はどのように形成されるのかなどを通して、古典的標準モデルはどのように再構築されていくのかということを紹介する。一方で、太陽系は、われわれが一番詳細なデータを持つ惑星系なので、理論モデルがその姿を再現できるのかは重要な問題であるが、それにあまり囚われすぎてはならない。構築していく惑星形成モデルは、異形の惑星の形成や系外惑星系の多様性を説明すると同時に、太陽系の姿も詳細な特徴も踏まえて、整合的・統一的に説明しなければならない。まさに「天空」と「私」の視点を行き来させながら、進んでいかねばならない。

そのような統一理論は未だ道半ばである。これも裏を返せば、議論の応酬が続く、熱い研究分野だと言うことができるのかもしれないが。

第3章　系外惑星系はなぜ多様な姿をしているのか

系外惑星系の多くは太陽系とはあまりに異なる多様な姿をもっている。明らかに、前章で紹介した古典的標準モデルは、そのままでは多様な系外惑星系を説明することができない。一方で、すでに前章でも指摘したが、近年、系外惑星系の多様性や遍在性を説明しようとしているうちに、太陽系形成の問題点も浮き彫りになってきた。そのことで、逆に太陽系形成や系外惑星系の多様性の起源を新しい切り口で見られるようになってきたとも言える。

1　異形の巨大ガス惑星のできかた

観測から、円盤仮説はどうも正しそうである。円盤仮説を基礎に多様な系外巨大ガス惑星をどのように説明したらいいのだろうか。1995年のペガスス座51番星bの発見以来のゴールドラッシュのような発見レースと並走しながら、画期的な理論モデルがどんどん発表され、観測と理論の間でめくるめく応酬が続いた。空間的には静的とも言える古典的モデルは、軌道が移動しまくる動的なモデルへと否応なしに変化していったのだ。

巨大ガス惑星も落下する——ホット・ジュピターの形成

地動説が提唱された時、この大地が猛スピードで動き回っているという考えに、人々は当然のことながら反対した。大地とは堅牢なものであるはずだったからだ。ビッグバン宇宙論が提唱されたときにも、多くの科学者を含めて人々は抵抗した。宇宙とは無限の過去から未来へと続く堅牢なものであるはずだったからである。

太陽系の惑星は整然と同心円状に並んでいる。現在の太陽系の配置はコンピュータ・シミュレーションで計算しても、宇宙年齢をはるかに超えて安定だということがわかっている。惑星系は堅牢なものとして形成されるはずだと思うのは当然のことであろう。

だが、ホット・ジュピターとエキセントリック・ジュピターの発見は、「堅牢なる惑星系」という考えを、揺るがすどころか、破壊してしまった。古典的標準モデルでは、まずは地球の5〜10倍というような大きな原始惑星が形成され、それが芯となって巨大ガス惑星が形成されるとした。そのような大きな原始惑星を作る材料物質が存在するのは中心星から離れた場所で、だから、木星や土星はそういう場所にあるのだと説明されていた。ところが、ホット・ジュピターの軌道半径は、木星の100分の1しかない。これは一体どう考えればいいのか？

そもそも巨大ガス惑星への形成がホット・ジュピターと木星では違うのだというアイデアも出された。だが、提案された方法で、古典的なモデルより合理的なものはなかった。中心星のすぐそばの円盤には巨大ガス惑星の芯を作れるだけの材料物質はないであろう。巨大ガス惑星は、やはり円盤の中で材料物質量が多い外側の領域で形成されると考えるのが妥当で、形成した後に内側に移動したと考えるしかないように思える。

第2章で、惑星はその重力で円盤に凸凹を作り、その反作用で中心星のほうに落下していくと述べた。惑星が巨大ガス惑星(地球質量の100倍以上)にまで成長すると、惑星重力が非常に強くなり、凸凹を作るどころか惑星軌道近傍の円盤ガスを振り飛ばしてしまって、惑星軌道に沿って円盤に「溝」を作る。惑星は円盤ガスをそれ以上集められなくなり、自分の成長にブレーキをかけることになる。このことで、木星がなぜ木星のサイズで成長が止まったのかが説明できるかもしれない。

惑星は溝の中に閉じ込められてしまって、円盤ガスに対して動けなくなる。ところが、円盤ガスは数百万年かけて中心星に落ちていくので、惑星も一緒に落ちていくことになる。この落下は、ガスが途切れる円盤内縁まで行って、やっと止まると考えられている。これで、ホット・ジュピターの出来上がりとなる。この説はホット・ジュピターの起源の最有力モデルになっている。

だが、この説が完全に正しいとすると、ほとんどの巨大ガス惑星は、形成されるとすぐさま移動を開始し、ホット・ジュピターになることを示す。しかし、第1章3節で見たように、系外巨大ガス惑星の大半は1天文単位以遠に存在しているし、太陽系の木星や土星も落下していない。

巨大ガス惑星が形成されるためには円盤ガスがなければならないが、円盤ガスがあると惑星を内側に運んでしまう。惑星に取り込まれて巨大ガス惑星を形成する分のガスはあったが、惑星を中心星のほうに押しやる量のガスは残らなかったという、円盤が消えるぎりぎりの絶妙のタイミングだったなら、巨大ガス惑星は形成されるが落下しないかもしれない。木星はそのような僥倖に恵まれたということは不可能ではないが、木星と土星の両方がそのような絶妙なタイミングに恵まれたという偶然は考えにくい。また、系外巨大ガス惑星の大半は1天文単位以遠にあり、これらの多数が全部、そのような僥倖に恵まれたというのは考えにくい。

太陽系に関しては、「グランドタック」と呼ばれる曲芸のようなモデルも注目されている。木星、土星が小惑星帯や火星軌道付近までいったん内側に移動した後、外側に引き返すと考えるモデルで、小惑星帯に大きな惑星がないこと、火星が小さいことを説明できる。発想の転換で、惑星移動を止めようとするのではなく、向きを変えようとするアイデアだ。しかし、このような曲芸は非常にうまい状況でしかおこらないので、太陽系は仮に僥倖に恵まれたとしても、系外巨大ガス惑星の大半が1天文単位以遠に存在していることの説明にはならない。

惑星の軌道移動問題はまだ混沌としているが、惑星軌道移動は普通にあると考える方がよさそうである。これは古典的標準モデルでの惑星系形成イメージをガラリと変えてしまった。その前提のもとで、なぜ木星はホット・ジュピターにならなかったのかを考えなければならない。だが、その答えはまだ出ていない。

この軌道移動プロセスによって、古典的標準モデルで暗黙のうちに前提となっていた惑星系の堅牢性という概念は打ち崩されるのだが、巨大ガス惑星の軌道不安定というもっと激しいプロセスもありそうである。

飛び散る巨大ガス惑星——エキセントリック・ジュピターの形成

第1章3節で見たように、系外巨大ガス惑星の半分くらいは、離心率0・2(太陽系の水星の軌道離心率)を超える軌道を持つ。なかには離心率0・9という極めて歪んだ軌道のものもある。

しかし古典的標準モデルでは、ガス惑星は、円運動をする円盤ガスを大量に集めて形成されるので、その軌道は円軌道になるはずである。実際、木星や土星は真円に近い軌道を描いている。では系外巨大ガス惑星の多くは、なぜ、そんな楕円軌道を持っているのだろうか？

現状での有力モデルは、系外巨大ガス惑星も形成されるまでは古典的標準モデルにしたがって円軌道で生まれるが、形成後に惑星間重力による散乱で飛び散って、残った惑星は大きく歪んだ軌道を持つというものである。すでに述べたように、太陽系は、木星、土星という2つの巨大ガス惑星を持っているが、極めて安定である。飛び散ってしまう惑星系と太陽系の違いは何なのだろうか？　ひとつの可能性は、形成される巨大ガス惑星が2個以下なのか、3個以上なのかの違いである。

重く、材料物質が多い円盤では、軌道が内側に移動していってしまう前に、巨大ガス惑星が次々とできて、3つ以上並ぶということがあり得るだろう。この場合、はじめに惑星の軌道が交差していなくても、重力の影響が長い時間積み重なって軌道が歪んでいって、やがて交差する。同様のことは、太陽系の地球型惑星での巨大衝突の原因として、すでに述べた。巨大ガス惑星の場合は、重力散乱が強いので、軌道交差の結果、ある惑星は惑星系外にはね飛ばされ、残ったものも軌道が大きく歪む（図3-1）。

このようなことがおこるのは、同じような重さの惑星が3個以上の場合だけである。もちろ

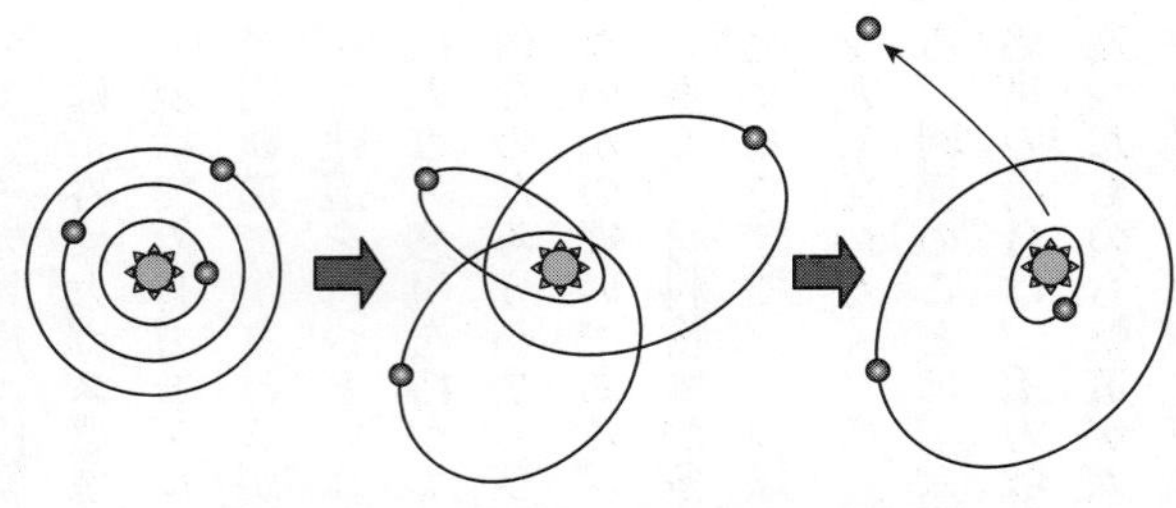

図 3-1　巨大ガス惑星の重力散乱の模式図.

ん1個しかなければ何もおきないが、太陽系のように巨大ガス惑星が2つの場合でもおこらない。惑星が2つの場合は、惑星が互いを通り過ぎるたびに、お互いの重力の影響で軌道が乱れるが、初めに惑星軌道が円に近ければ、その乱れは規則的であり、軌道は微妙に楕円になったり円に近くなったりをくり返すだけで、軌道が交差するようになることはない。木星と土星は45億年の間、ずっと軌道に影響を与え合っているが、このような理由で、軌道が極めて円に近いものに留まっているのである。だが、3つ以上惑星があると、変動は複雑になり、軌道の歪みはいつか大きく成長してしまい、交差を始めるのである。

この惑星2個の場合と3個以上の場合の軌道変化の質的な違いは、言われてみれば、そんなものだろうと思うかもしれない。また、シミュレーションもノートパソコンで十分である。だが、1996年にその結果を示す論文が出るまで、誰も気がついていなかったのだ。太陽系でも、木星、土星クラスの巨大惑星が3つ以上になっていたら、早い段階で崩れていたであろう。天王星がもうちょっと早く、円盤ガス消失前に形成されていたら、第3の巨大ガス惑星になる。巨大ガス惑星になるかどうかは、円盤ガス消失前に固体の芯がある「しきい値」を超えるかどうかで決まり、いったん「しきい値」を超えると、加速的に惑星へガスが流れ込むので、天王星が現在のように、ほぼ裸の芯のままであるのと、木星のような巨大ガス惑星になるのは、実は微妙な違いである。

コンピュータ・シミュレーションによると、3個の巨大ガス惑星の軌道が交差するようになると、大半の場合で、ある惑星は中心星の重力を振り切って系外に飛び出していく。取り残された惑星は、反動で軌道は大きく歪み、ひとつは外側に振り飛ばされ、もうひとつは内側に飛んで、安定な楕円軌道で残る。内側に飛ばされたものが、視線速度観測されているエキセントリック・ジュピターに対応するのではないかというのが有力な説である(外側のものは視線速度観測では見つけられない)。

さきの図1-7で、系外惑星では質量が大きいほうが、軌道離心率が大きいという常識に反するような相関関係が見つかっていると述べたが、ここのモデルで考えると、この相関も自然に説明できる。重い円盤では、より重い惑星が作られる。また、そういう惑星が3個以上作られて、惑星軌道が大きく乱れがちになる。したがって、たくさんの惑星系を重ねて図を作って

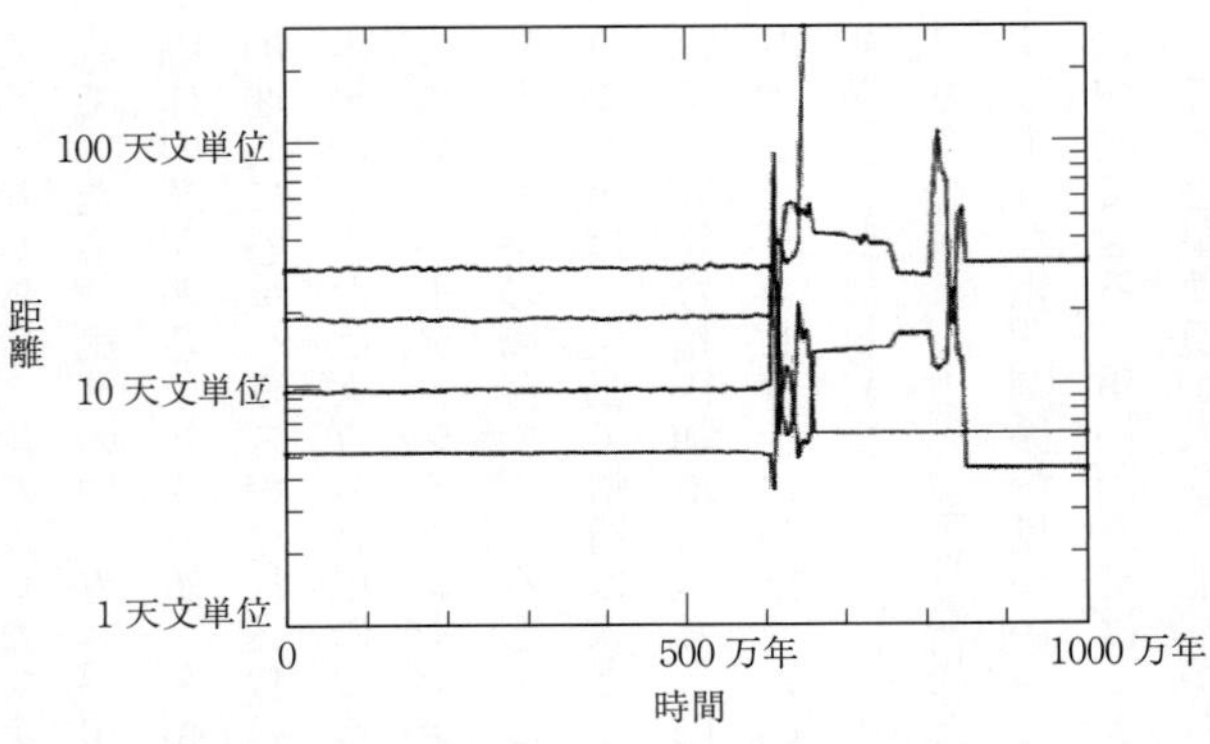

図 3-2　木星，土星，天王星，海王星の場所に木星の 2 倍の質量の惑星をおいた場合の軌道変化のコンピュータ・シミュレーションの結果．この場合は 600 万年たったときに，突然軌道が乱れ，惑星が 1 つ惑星系外にはね飛ばされている．

みると、質量が大きいほうが軌道離心率は大きいという傾向が見えるだけなのである。同じ惑星系のなかでの話ならば、軽い惑星ほど軌道が歪む傾向になるのは当然である。データは客観的なものであるが、それをどう見るのかは、よく考えなければならない。この話は、そのいい例である。

系外にふっ飛んだ巨大ガス惑星は宇宙空間をさまよう浮遊惑星となる。実際に、重力マイクロレンズ観測によって、木星質量クラスの光を発しない天体が多数、銀河系内をさまよっていることが発見されている。

ちなみに、巨大ガス惑星同士の重力は強烈なので、それらの散乱が、ハビタブル・ゾーンのはるか外側の領域でおきて、内側に飛んだ惑星もまだハビタブル・ゾーンには届かないとしても、その影響はハビタブル・ゾーンに存在する地球型惑星の軌道にも大きく及ぶ。コンピュータ・シミュレーションによると、地球型惑星のほとんど全てが中心星に叩き込まれるか、系外に振り飛ばされる。

ホット・ジュピターの場合も先にのべた軌道移動モデルでは、巨大ガス惑星がハビタブル・ゾーンを横切ることになるので、やはりそこにあった地球型惑星は生き残れないであろう。

逆行の惑星はどのようにして作られたのか?

第1章で中心星の自転とは逆向きに公転しているホット・ジュピターの話をした。これはとても不思議な惑星だ。円盤は中心星形成の副産物でできるので、中心星の自転の向きと円盤の回転方向は必ず一致する。円盤から生まれた惑星の公転方向も一致するはずである。実際、太陽系ではそのとおりになっている。

複数の巨大ガス惑星の系が不安定になり、内側に飛ばされたエキセントリック・ジュピターのなかには、偏心の程度が激しくて、近点距離が0・05天文単位以下くらいになるものがある。そのような軌道では、中心星に近づいたときに、中心星の強い重力の影響(潮汐力)で惑星本体が歪む。月の重力で地球が歪んで潮の満ち干がおこるのと同じ原理である(詳しくは第4章

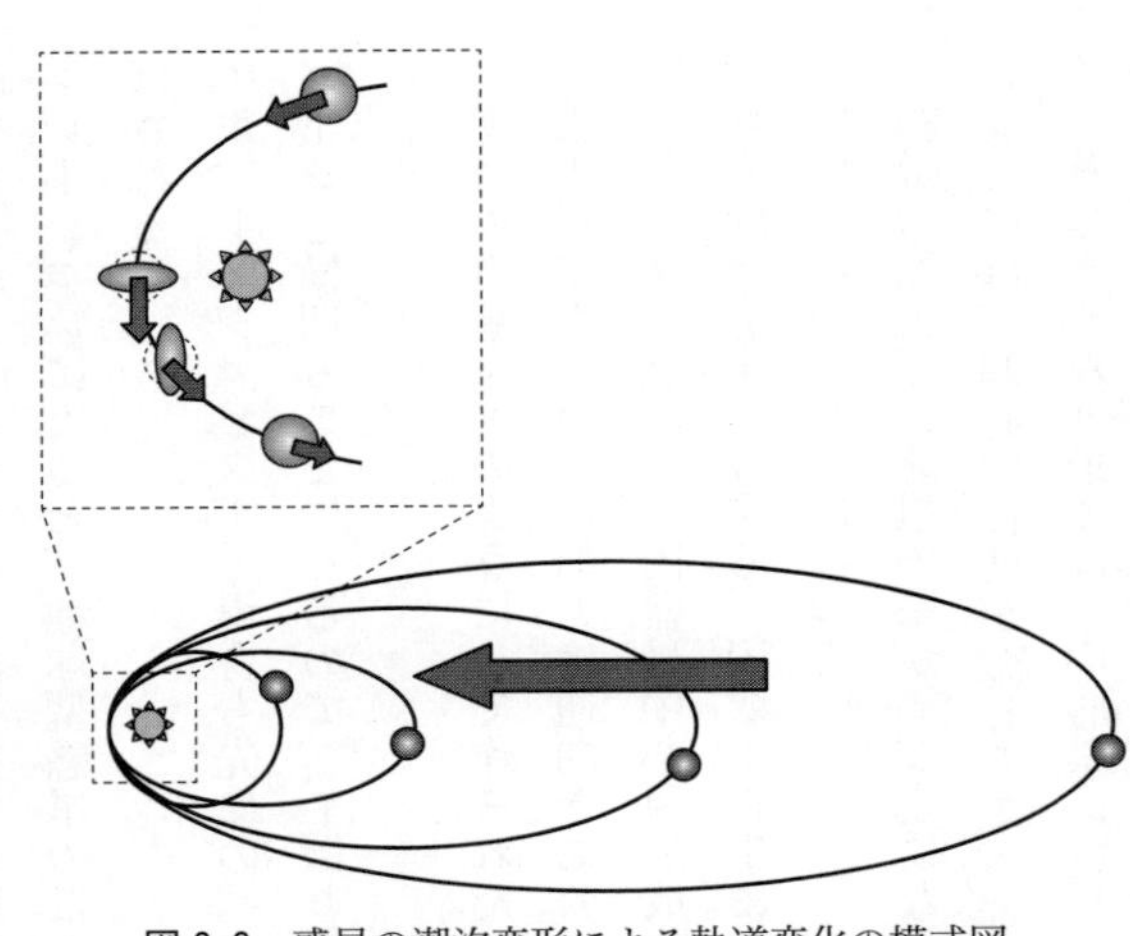

図 3-3　惑星の潮汐変形による軌道変化の模式図.

4節を参照のこと)。その歪みは、惑星が中心星からちょっと離れると戻る。中心星に近づくたびに惑星の変形によって摩擦熱が出て、惑星の運動エネルギーが抜けるので、惑星はだんだん遠くに行けなくなり、中心星に近い円軌道を回るようになる。ホット・ジュピターには、このようにしてできるものもあると考えられている。

実際、このメカニズムでできたと考えられる、円軌道化が中途半端で終わったような楕円軌道のホット・ジュピターも発見されている。

巨大ガス惑星同士の強い散乱では、系外に振り飛ばされることがあるほど強烈だ。惑星軌道がいったん長楕円軌道になると、その後の散乱で、軌道が長軸を中心に回転して、裏返ることもあるのだ。そのあとで円軌道化されると、逆行するホット・ジュピターになる。

私たちは、コンピュータ・シミュレーションで、そういうことがおこることを示した論文を逆行惑星が発見される前に発表した。実際にそういう惑星が発見される前には、注目されなかったのだが、その後、大いに注目されることとなった。これも、わかってみるとなるほどとなるが、シミュレーション抜きだと、軌道が逆行に変わるということはとても想像ができなかった。発見したのは、著者の研究室の大学院生である。彼は大学院修士課程を終えて一般企業に就職したが、専門に進まなかった学生であっても大いに注目される理論モデルを作れるというところが、系外惑星研究の醍醐味のひとつである。

2　スーパーアースが示すもの

観測が示すスーパーアースの遍在性は、地球型惑星の軌道も動きまわることを示す。微惑星は、小石の大きさの粒子が円盤内を遥かに旅するなかで形成されるのかもしれない。さらに惑星は、その小石を集めて成長していくのかもしれない。惑星形成の基本的な部分の大幅な見直しも始まっているのだ。

スーパーアースと惑星落下

スーパーアースは太陽系地球型惑星と同じような岩石惑星ではないかと考えられている。だが、第1章で紹介したように、系外惑星系のスーパーアースは、太陽系では地球型惑星が存在しない、中心星にはるかに近い軌道に多数発見されている。そんな場所には、太陽系では惑星どころか小惑星クラスの天体すら存在しない。視線速度観測やトランジット観測の制限から、そういう軌道でしかスーパーアースのような比較的軽く小さい惑星は発見できないので、スーパーアースがそのような軌道にしかないというわけではないが、太陽型星の半数にそういうスーパーアースが存在するようである。そういう惑星系と太陽系の違いは何なのだろうか？

この違いを説明する有力なメカニズムは再び「惑星落下」であろう。すでに述べたように、中心星にとても近い軌道ではスーパーアースを作るだけの材料物質が圧倒的に足りない。この場合も、スーパーアースそのもの、もしくはその形成途上にある原始惑星が、円盤のなかでも材料物質量が多い外側の領域で形成して、移動してきたと考えるのが自然であろう。

惑星落下メカニズムは太陽系の再現には都合が悪かった。ご都合主義に陥らないために、ホット・ジュピターの場合と同様に、スーパーアースとともに太陽系も再現される仕掛けも考えなければならない。さまざまな考えがあるが、以下はひとつのアイデアである。

最近では、惑星が円盤との重力相互作用で移動するとしても、地球サイズの惑星の場合は、必ず内側に落ちるわけではないという意見もある。円盤の状態によっては、外側に移動したり、ほとんど移動しないということもありえそうである。

特に、円盤の動径方向の密度分布の凸凹（惑星が自分の重力で作る凸凹ではなく、別の作用で惑星とは無関係に作られる凸凹）が存在する特定の場所で、惑星移動が止まるのではないかと期待されている（ホット・ジュピターのような巨大ガス惑星は止められないが）。

このことは、惑星は円盤の中で一様に分布するのではなく、原始惑星がいくつかの特定の場所にある凸凹に集中していたのではないかというアイデアにつながる。円盤密度分布の凸凹の位置は、円盤の初期条件やそこからの進化の仕方でバラエティがあってもよいであろう。その位置が惑星系によって、ばらつくとすると、太陽系もスーパーアース系も統一的に再現できるかもしれない。

惑星は特定の場所でできた？

ここで述べた円盤凸凹モデルは、よく考えてみると、実は太陽系の現在の姿と辻褄があっている可能性がある。

太陽系で、火星がなぜ小さいのか、なぜ水星の内側に惑星がないのかという問題を第2章で指摘した。それに対して、目からウロコのような計算結果が、それまで別分野で研究していた研究者から発表されている。仮に0・7〜1天文単位に地球型惑星の材料物質が集中していたとしよう。そういう条件で計算してみると、もともと材料が集まっていた0・7〜1天文単位には大きめの惑星ができる。巨大衝突の時代に入って、内側と外側にはね飛ばされた原始惑星は、そこには別の微惑星がないために、質量が小さいままで、楕円軌道を持って取り残される。こう考えると、水星、金星、地球、火星の質量と軌道の並びが見事に再現され、水星の内側も火星の外側も空白地帯のままであることも説明がつく。別分野の研究者だったからこそ、そういう設定で計算してみようと思ったのだ。惑星形成を専門とする研究者たちは、その突飛な設定に啞然とすると同時に、あまりの見事な結果に唸った。

木星、土星、天王星、海王星も、木星軌道から土星軌道付近に材料物質が集中していたと仮定すると、何かと辻褄があう。後で説明するように、天王星や海王星は現在の位置よりももっと太陽に近いところで形成されて、外側に広がっていったとすると、観測されているカイパーベルト天体(外縁天体)の軌道分布を見事に説明し、天王星や海王星の形成に時間がかかり過ぎ

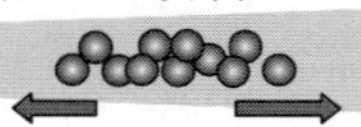

図3-4 太陽系の地球型惑星の新しい形成モデルの模式図.

るという問題も解決する。

つまり、太陽系では原始惑星が0・7〜1天文単位、および5〜10天文単位付近の2カ所に集中していて、その後成長につれてはね飛ばし合って、軌道が散らばっていったとすると、太陽系の姿の全体が整合的に再現されるのだ。このような考えは、多様な系外惑星を見なかったら思いつかなかったであろう。

ケプラー宇宙望遠鏡が発見したスーパーアースの系でも、中心星のすぐそばに3個の惑星、ちょっと離れて2個の惑星が近接した軌道で存在するというような系が結構ある。つまり、惑星系というものは、円盤内で一様に惑星が生まれていくのではなく、決まった何カ所かで局所的に生まれると考えたほうが観測と辻褄があうかもしれない。

もし、このような考えが正しいとすると、動きまわる惑星が、どこで捕まえられるのかということが、惑星系の最終状態を決めるということになり、古典的標準モデルでの基本的な考えとは全く変わってしまうことになる。

微惑星仮説は正しいのか？

太陽系形成モデルでの大問題「惑星落下」が、逆に系外惑星系の多様性の説明に使えることを示したが、太陽系形成モデルのもうひとつの大問題「メートルの壁」は、どう考えられるようになったのだろうか？

メートルの壁を乗り越える方法は3つある。ひとつは、すでに述べた、円盤の構造によって、特定の場所で移動を止めるという方法である。円盤との重力相互作用による惑星移動を止める円盤の凸凹構造は、円盤からのガス抵抗で落ちていくダストも止めてしまうのだ。

もうひとつの方法は、落ちてしまうよりももっと速いスピードで微惑星サイズにまで成長するという方法である。普通に考えると、ダストが合体成長して10㎝くらいの小石サイズになると、成長よりも移動が速くなって落ちてしまうのだが、たとえば、ダストが合体成長した構造はホコリ玉のように、ふわふわの構造だとすると、うまくいくのではないかと言われている。

そして、3つめの方法は、メートルの壁は乗り越えなくていいと、開き直って考える方法である。この場合は、古典的標準モデルが柱とした、微惑星仮説が大きく揺らいでしまうが、このアイデアは現在、活発に議論されている。簡単に紹介しておこう。

小石大のダストの塊が次々と急速に中心星に落ちていくと、渋滞ができるかもしれない。高速道路での自然渋滞は、特に通行止めや車線規制があるわけではなく、ちょっと坂になっていたとか、トンネルの前とか、反対車線で事故があってそれを見るためとかで、多くの車がスピードを落とす傾向の場所があるというだけで発生して、それが大きく延びてしまうというものだ。同じ仕組みが小石の流れでもおこるかもしれない。

渋滞は大きく連なるので、これが自己重力で固まると、１００㎞以上の大きなサイズの微惑星（原始惑星と呼んでもいいであろう）が一気にできるかもしれない。一方で、自然渋滞はどこでもおきるわけではないので、この流れている小石の全部が原始惑星になるわけではない。すでに述べた円盤の凸凹部分だけでおこる、という説もある。形成された原始惑星は、次々と後から流れてくる小石をつかまえて成長していくかもしれない。

この小石集積では、古典的な微惑星集積と比べて、惑星成長の様子が大きく異なる。微惑星集積の場合は、フィーディング・ゾーンという原始惑星の陣地が決まっていて、ひとつの原始惑星（暴走成長天体）がそこにある微惑星を食い尽くしていく。だが、小石集積の場合は、円盤の外側の方の領域で形成された小石が猛スピードで中心星に流れていくのを、その内側に位置

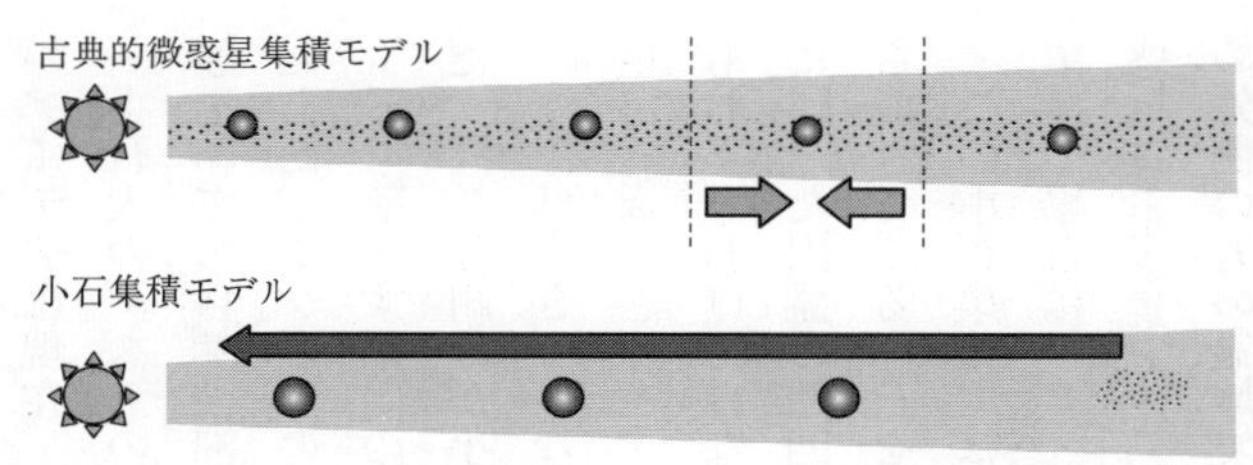

図 3-5　古典的微惑星集積モデルと小石集積モデルの模式図.

するいくつもの原始惑星が、少しずつつまんでいくという感じになるのだ。当然、出来上がる惑星系の姿は異なるはずだ。

この小石集積モデルは、まだ提唱されて数年しかたっていないので、まだよく検証されておらず、実際のところ、小石集積と微惑星集積のどちらがどれだけ惑星形成に寄与するのかは、まだわかっていない。しかし、「メートルの壁」という問題を逆手にとった発想の転換のモデルであり、大変おもしろい。

3　太陽系をふり返る

動きまわる惑星

このような系外惑星系の多様性を説明するアイデアが次々と提案されていることを踏まえて、太陽系をふり返ってみよう。もはや、惑星はその場でずっと成長していくのではなく、あちこち動きまわるのだという考えに変わった。太陽系の地球型惑星は、原始惑星が

0・7〜1天文単位の狭い軌道範囲にもともとは集中していて、そこから散らばっていったのではないかというアイデアは斬新で、かつ見事に太陽系の地球型惑星の分布を説明する。

　木星や土星についても、グランドタック・モデルのようなものが提案されているが、まだその証拠はない。しかし、海王星軌道以遠のカイパーベルト天体群の分布から、海王星は外側(内側ではない)に動いたということが確実視されている。7天文単位以上動いて現在の位置(30天文単位)に到達したようだ。つまり、5〜10天文単位あたりに集まっていたものが散らばって、木星、土星、天王星、海王星が出来ていったということは、かなり確実なようだ。

　動いた原因は原始惑星系円盤ではなく、残存していた微惑星(小石?)円盤との相互作用かもしれないし、木星と土星によってはね飛ばされたのかもしれない。後者は、木星や土星はガス集積で急速に成長したので、そのすぐ外側にあった別の原始惑星(これらが海王星や天王星になる)は外に押し退けられたというアイデアだ。この考えをさらに詳細まで議論して、太陽系の惑星の軌道分布ばかりでなく、地球形成後何億年かたった後にあったと言われている隕石重爆撃時代の原因や小惑星帯の中にある組成の多様性(小惑星の型の起源)まで説明しようとする「ニース・モデル」というものも提案されている。

　ニース・モデルやグランドタック・モデルというものは、初期条件をチューニングした曲芸的なモデルであって、系外惑星系にまで適用できるような一般的なものではないが、惑星軌道は移動してもよいという新しい考えに基づいて、太陽系形成を整合的に詳細に議論しようとする試みである。太陽系には数々の観測的な証拠や痕跡が残っており、それを満たすモデルを詳細に検討することで、理論をつめていける。系外惑星系の多様性を「天空の視点」から統一的に説明する方向性はもちろん必要であるが、「天空の視点」で得られた知見も援用しつつも、一般性はさておいて、「私の視点」から太陽系の歴史を詳細に説明しようという方向性も追求すべきもののひとつであろう。

惑星形成モデルの現状

太陽系形成については、いったんきれいにまとまったように見えた古典的標準モデルが崩れて、混沌の時代に入ってしまったと言えるであろう。惑星系は堅牢なものとして形成されるはずだという縛りから解放されたのはいいのだが、系外惑星系の多様性の起源も、さまざまなアイデアが乱立して、収拾がついていない。

話を聞くほうとすれば、ああでもない、こうでもないと説明されて、混乱するかもしれないが、研究をする立場で言えば、観測データも十分にあり、理論モデルの武器はいろいろ用意されていて全く手がつかないわけではなく、それでいてまだ決着がついていないことがたくさんあるということで、大変おもしろい状況だとも言える。

こういう混沌状態のなか、われわれは、それまでの常識にとらわれずに次々と新しいアイデアを提案すると同時に、丹念にモデルのチェックをし、観測データを使って検証を続けていくしかないであろう。今後さらにいろいろな方法による観測データが充実して、たとえば惑星1つ1つの分布ではなく、惑星系の全体配置についての分類や分布がわかってくることで、観測データによる検証はよりパワフルになっていくであろう。著者の科学研究に対する考えは、混沌は歓迎すべきスリリングな状態であって十分に楽しむべきで、一方、一足飛びの解決はなく、足下を見て一歩一歩進んでいき、時には一段抜かしで進むこともあるが引き返すこともあるということをくり返して、気がついたら高嶺に達しているというものが研究だというものである。

この混沌は、系外惑星系の多様性の起源を解き明かすことにつながるとともに、太陽系形成について新しい描像を描き出そうともしているのだと見ることもできる。

次の章では、「天空の視点」を得た上で、わたしたちの地球は、どうとらえられるようになったのか、どういう見方をしていけばいいのかを考えてみたいと思う。

第4章　地球とは何か？

系外惑星系に多数の地球型惑星が発見された今、地球は「天空の視点」と「私の視点」が交錯する実におもしろい天体となった。天文学的には、太陽と同じような恒星の周りに、地球と同じような質量、同じような軌道を回る惑星は無数といっていいほどの数があると推定されているが、私たちの地球もそれらに含めてひとくくりにしてしまっていいのであろうか？　別の言い方をすれば、何をもってひとくくりにするのが適切なのだろうか？

第2章、第3章では、惑星形成の力学的な部分、つまり、どのような軌道にどのような重さの惑星ができるのかということを論じた。だが、それだけでは地球とはどういう惑星であるのかということを論じるのに十分ではないことは明らかだ。たとえば、組成はどうなっているのか？　どのような内部構造になっているのか？　なぜ地球に海があるのか？　陸地が出るくらいの微妙な海の量は何が決めたのか？　気候をコントロールし、生命のもとになる炭素はどれくらい入っているのか？　大気の成分や量はどのように決まったのか？　地球にはなぜ磁場があって宇宙線から守られるようになったのか？　次々と疑問が出てくる。

そこで、常に問題となるのが、地球は生命が生息する天体であるという点において、これまでに唯一知られている天体であるということである。

地球外生命はまだ発見されていないので、生命科学は「天空の科学」にはなっていない。地球の生命は一系統なので、「私の科学」である。生命が生息する唯一の天体かもしれないという点において、地球は奇跡に恵まれた世界であるとする地球中心主義も成立し得る。

仮に、地球の環境およびその歴史が生命を生み、育む、唯一のものであるとすれば、地球と寸分違わぬ惑星だけが生命を宿す可能性があることになる。地球の特徴を細かいところまでリストアップしていけば、もちろん無数の条件が出てくる。条件が多くなればなるほど、それに合致する惑星が存在する確率は限りなく小さくなっていく。だが、この宇宙に生命を宿す天体は地球以外にはないとなったら、それはそれで耐え難い孤独であろう。そこで、地球と瓜二つの惑星である「第二の地球を探せ」というフレーズが出てくるのである。

地球は、それ自体がひとつの生命体のようなシステムだと主張するガイア仮説というものがあるくらい、精緻な物質・エネルギー循環、気候調節、生命との相互作用による自己調節システムを備えている。生物学者が生物のシステムの精巧さに驚嘆して、こんなものが出来上がるのは奇跡でしかない、だから地球外生命はいないと主張するのと同じように、地球のような惑星は奇跡的なものであり、もう数個くらい双子の惑星があるかどうかだと考えるロジックも理解できなくはない。

だが、それは本当なのだろうか？　一歩引いて考える必要もある。地球が精巧な自己調節システムを備えるに至ったから生命が生まれたのだろうか？　惑星が形成され、生命が生まれて進化していけば、その存在が最適化していくために、結果として、惑星に精巧な自己調節システムが自動的に構築されていくということはないのだろうか？　地球生命の起源の研究においても、豊富な有機物を含んだ原始スープがあったとして、そこから始める考えがある一方で、いったん非生物的な代謝サイクルが成立すれば、勝手に必要な有機物が生産されて増殖していくという考えもある。

本章では、どのような条件をもってして、「地球」という惑星を特徴づけたらいいのか、その固有性について考えてみたいと思う。ただし、系外惑星系の「地球たち」に対する一般性を常に意識しながら、見ていきたいと思う。系外のハビタブル惑星の議論は次章で行う。

地球型惑星というものを考えるときは、すでにサンプルはひとつではない。系外惑星でも内部構造や大気の情報が得られているものもあるが、何より、太陽系には水星、金星、火星という小型岩石惑星である「地球型惑星」が存在し、かなり詳細なデータが得られている。これら他の地球型惑星と比較検討することも、地球の固有性を考える上では非常に重要なこととなる。

1　地球の構成物質

まずは、地球はどのような物質でできているかを見てみることにする。

第2章で述べたように、原始惑星系円盤では、主成分の水素・ヘリウムはガスのまま円盤にとどまるが、鉄、ケイ酸塩（今後は単純に岩石と呼ぶ）、氷などは、マイクロメートル・サイズ以下のダストとして凝縮して、それが惑星の材料となる。凝縮温度は成分によって異なる。鉄・岩石ダストは1100℃くらい、氷ダストはマイナス100〜マイナス110℃くらいで凝縮するので、中心星のすぐそばの限られた高温領域を除いて、鉄・岩石ダストはどこでも凝縮する。それに対して、氷ダストは中心星からある程度離れた低温の場所でしか凝縮しない。炭素化合物、窒素化合物は氷よりもさらに低温の中心星から遠い場所で凝縮する。このことを頭において、地球の成分を見ていこう。

岩石と鉄——地球の主成分

鉄と岩石のダストの凝縮温度はほぼ同じなので、中心星に近い、氷が凝縮しない場所（数天文単位以内)では、惑星の主成分は鉄と岩石で、鉄・岩石間の比率は円盤の成分で決まる。

円盤ガスの組成は中心星と同じで、中心星の組成はそれが生まれた、銀河系に浮いていた星間ガスの組成と同じはずである。生まれたばかりの銀河では、どの銀河でも、ビッグバンのときに作られた水素とヘリウムだけしかない。その後、銀河内では恒星が生まれ、恒星内で水素が核融合でヘリウムになり、そのヘリウムがさらに核融合して炭素、酸素、窒素などができて、大質量の恒星ではマグネシウムや鉄など、非常に重い元素までできる。それらの元素は、恒星の質量放出や超新星爆発などに伴って星間ガスにもどり、その星間ガスからまた恒星が生まれという輪廻のなかで、だんだんと原子番号が大きい元素が増えていく。ただし、これまでの宇宙年齢をかけても、ビッグバンで生まれた水素、ヘリウムがまだ大量に残っていて、それ以外の元素は未だに全体のごく一部である。

このように、地球を作っている岩石や鉄、われわれの体を作っている有機物は、銀河系誕生以来の100億年を超える時間の星の生死の歴史によって作られたものなのである。

では、系外惑星系の地球型惑星、特にハビタブル・ゾーンにある「地球たち」では、成分にどれくらいの多様性があるだろうか?

銀河系内の場所によって星の生成率は異なり、組成は空間的なばらつきがある。また時間とともに変化していくが、恒星は生まれたときの星間ガスの組成を反映するので、恒星の年齢によってもばらつきがある。現在の銀河系では、重元素の重量比は平均で1～2％程度だが、現存する恒星では(特別古いものを除いて)、数倍程度ばらついている。重元素間の割合、例えば酸素と炭素の間の比率も多少ばらつきがあるが、だいたいは同じである。したがって、氷が凝縮しない中心星に近い場所で形成される惑星の主成分は、鉄・岩石で、鉄と岩石の比率もだいたい同じだろうと予想される(炭素が酸素に比べて多い場所で生まれた恒星の惑星では炭化ケイ素が主成分になるという話もあるが、それはごく少数であろう)。つまり、系外惑星系の「地球たち」も主成分ではだいたい地球と同じ組成を持っていると予想される。

太陽系の地球型惑星では実際にはどうなっているのであろうか？　ここまでの話からは、水星、金星、地球、火星の組成はほぼ同じだと予想される。

地震波のデータなどから、地球では、鉄と岩石の重量比は3対7くらいで、それぞれは分離していて、中心に鉄を主成分とした核(コア)があって、岩石のマントルが取り巻いていることがわかっている。本章3節で述べるように、惑星形成の際に鉄のコアと岩石のマントルに分かれることは、ほぼ必然的であると考えられている。

探査機による重力場観測のデータから、水星、金星、火星では、予想どおり、鉄のコアと岩石のマントルに分かれていることが示されている。一方で、全体の組成推定は密度から推定できる。鉄は岩石より密度が高いので、密度が高ければ、鉄の比率が高いということになる。

第1章の表1-1にあるように、水星、金星、地球、火星の密度は、それぞれ5・4g/cc、5・2g/cc、5・5g/cc、3・9g/ccである。火星の密度が小さいのは質量が地球の10分の1しかなく、自分の重力による圧縮の効果が弱いからである。したがって、金星、地球、火星の鉄・岩石比は、予想どおり、だいたい同じだと考えられる。

ところが、水星質量は地球の20分の1しかなく圧縮は効いていないはずだが、密度は地球や金星とあまり変わらない。これは水星の鉄の割合が他の惑星にくらべて大きいと考えざるを得ず、予想と食い違っている。水星も材料物質の鉄・岩石比は同じだったが、巨大衝突時代に水星のマントルが剝ぎ取られたのではないかなどのアイデアが提案されているが、まだよくわかっていない。

このように水星という若干の例外はあるが、系外惑星の「地球たち」においても、氷が凝縮しない温度領域で形成されるものは、コアとマントルの分離、鉄・岩石比というような大雑把な内部組成や構造は、地球と同じようなものだと予想される。この点においては、地球は特別な存在にはなれないと思われる。

放射性元素は超微量でも重要

ウラン２３８、ウラン２３５、トリウム２３２、カリウム４０（数字は質量数）などの放射性元素は非常に微量な元素である。しかし、意外なことに、地球の内部構造や表層環境にとって重要な働きをしているのである。

放射性元素は一般に超新星爆発で一気に作られる非常に重い元素であるが、長い時間で安定な構造ではないので、少しずつ分裂していき、エネルギーを放出するので「放射性元素」と呼ばれる。

発生するエネルギーのもとは、このような核分裂反応のときに質量が小さくなることによる質量エネルギーである。知っている人も多いかもしれないが、アインシュタインの特殊相対性理論で$E=mc^2$という式があり、エネルギーは質量に光速の2乗を掛けたものであることを示している。この質量エネルギーはこの宇宙で一番速い光速の2乗がかかるので、発生する熱は莫大なものとなるのだ。

ウラン２３８、ウラン２３５の半減期（核分裂で元の原子の数が半分に減ってしまうまでにかかる時間）はそれぞれ４５億年、７億年、トリウム２３２の半減期は１４０億年、カリウム４０の半減期は12・5億年で非常に長く、長寿命放射性元素と呼ばれる。地球の全歴史を通して少しずつ熱を供給してきたが、実に現在の地熱の半分程度を供給している(残り半分は、形成されたときの衝突エネルギーを内部に蓄えたもの)。熱放出の副産物として、磁場が発生し、マントル対流を通してプレート・テクトニクスや火山活動がおきているわけだが、長寿命放射性元素はそのような「生きている地球」の活動を支えているのである。

放射性元素は超新星爆発によって作られるが、超新星爆発は銀河系で万遍なくおこるわけではない。超新星爆発をおこすような恒星は数が少ないのである。したがって、星が生まれるときに近くで超新星爆発がおこるかどうかは偶然性が支配するので、放射性元素の銀河内での空間分布には非一様性があると予想され、放射性元素が固体惑星にどれくらい含まれるのかは、惑星系ごとにかなり異なるかもしれない。地球にある放射性元素量が標準とは限らない。

2 地球は「水の惑星」ではない

海はなぜあるのか?――ハビタブル・ゾーン

炭素化合物(有機物)や窒素はタンパク質やDNAのもとである。液体の水は生命の体を形作

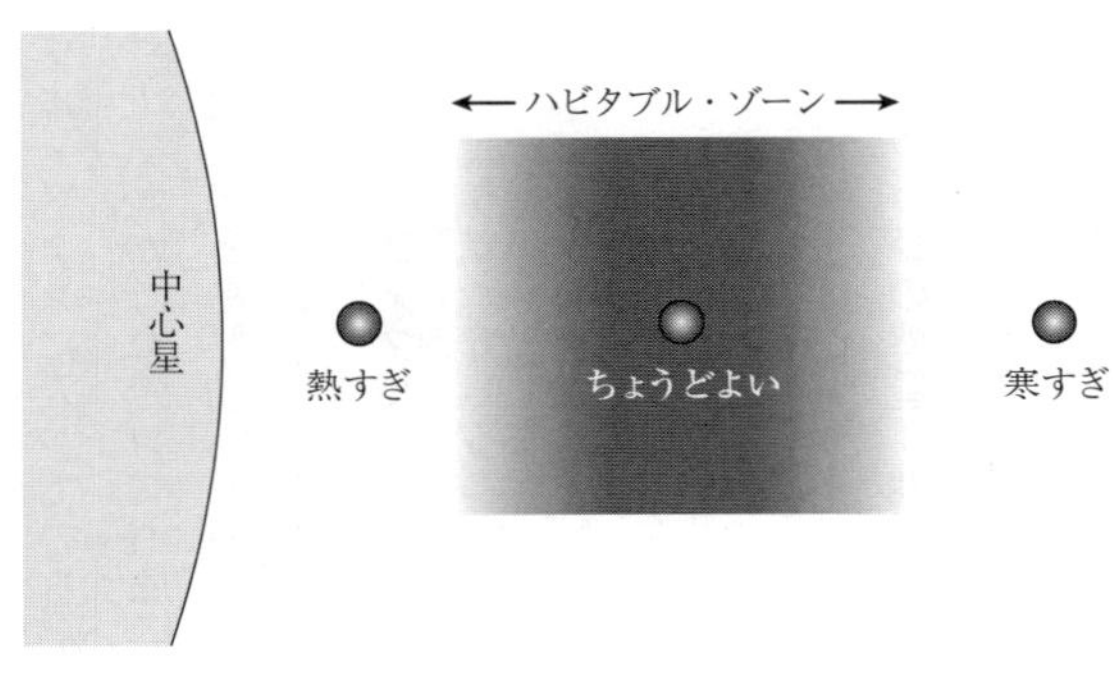

図 4-1　ハビタブル・ゾーンの模式図.

っており、また、生命に至るまでの複雑な有機物の合成(化学進化)の場であったと考えられている。詳しい話は『地球外生命』(長沼毅・井田茂著、岩波新書)を参照されたい。

惑星が十分な量の大気を持っている場合に、表面に液体の海が存在できる軌道範囲を「ハビタブル・ゾーン」と呼んでいた。温度は中心星に近いほど高くなる。したがって、惑星表面の水が蒸発しないためには中心星からある程度離れる必要がある一方で、水が凍りつかないためには、あまり離れすぎないことが必要となる。大気の温室効果があると、中心星からかなり離れていてもよい場合があるので、ハビタブル・ゾーンの外側境界は、広めにとって考えることが多い。

太陽光度のもとでの平衡温度を考えると、ハビタブル・ゾーンは金星軌道のちょっと外側(0・9天文単位くらい)から火星軌道(1・5天文単位)のちょっと外側くらいと見積もられている。地球は太陽の周りのハビタブル・ゾーンのど真ん中に入っている。火星もハビタブル・ゾーンに入っているが、質量が小さくて重力が弱いので、形成以来45億〜46億年間で大気がかなり逃げてしまって、地球大気圧の100分の1以下しかない。したがって、温室効果がほとんど効いていないので温度が低く、そもそも低圧なので、氷から直接水蒸気に昇華してしまって、液体状態の水がほとんど存在できない。

このハビタブル・ゾーンの話は、中心星光度、惑星軌道と質量という天文観測でわかる量だけで成り立っているので、系外惑星研究で非常によく引用されてきた。

地球はハビタブル・ゾーンのど真ん中に入っているとともに、十分な圧力の大気を持っているので、地球に海が存在するのは当然かと思うかもしれない。だが、実は、惑星表面に海が存在するかどうかということは、そんなに簡単な話ではないことがわかる。

カラカラの惑星＝地球

銀河系の平均的組成は、水素、ヘリウムが全体の98％くらいの質量を占めていて、残りは、太陽の組成で多い順で並べると、酸素、炭素、ネオン、窒素、マグネシウム、ケイ素、鉄、イオウ、……となる。水を作る水素と酸素、生命を形作る炭素や窒素は、宇宙には豊富に存在す

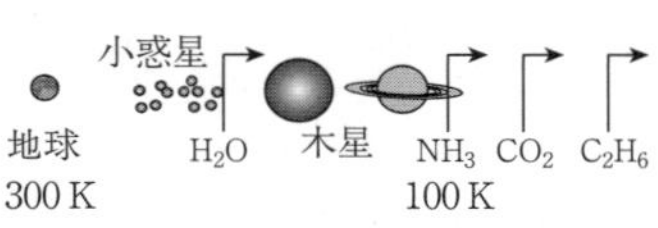
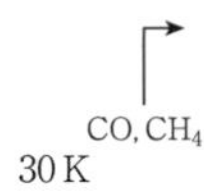

図 4-2　原始惑星系円盤での分子種ごとの凝縮領域.

ることになる。

だが、これらの元素が地球型惑星の材料物質に取り込まれるためには、まずは円盤ガスからダストという固体に凝縮しなければならない。円盤ガスは中心星にいずれ落ち込み、その円盤ガスを大量に取り込むことができるのは、木星のような重力が強い巨大ガス惑星のみである。実際、地球には、円盤ガスの主成分であったはずの水素は非常に少なく、ヘリウムはほとんど含まれていない。

平衡温度を考えると、氷ダストは小惑星帯の外(約3天文単位より遠く)でしか凝縮しない。氷が凝縮する限界の軌道半径を「氷境界」と呼ぶことにしよう。また、二酸化炭素などの炭素化合物やアンモニアなどの窒素化合物が凝縮できるのは、天王星軌道(~20天文単位)より遠くの場所のみである。

実際、地球の海の総質量は地球全体質量の0・02%に過ぎず、マントルの岩石に含まれる水を足しても、せいぜい0・1%程度だろうと言われている。地球半径6400kmに対して海の平均水深は4km程度なので、海は薄皮1枚に過ぎない。炭素や窒素の存在比の推定値も、太陽での存在比に比べて

1000分の1から10万分の1という極めて低い値になっている。

つまり、地球は惑星全体として見ると「水の惑星」ではなく、カラカラに乾いて有機物も非常に欠乏した惑星なのだということがわかる。そういう貴重な元素を使って、地球では生命が生まれたのだ。ただし惑星表面における生命を考えるときには、惑星全体組成ではなく、その表面の薄皮1枚の状況が重要となることに注意がいるが。

水、炭素、窒素——小惑星の衝突で持ち込まれた？

地球にある少量の水や炭素、窒素は以下のどれかの方法で持ち込まれたことになる。

ひとつの可能性は、地球が形成された後に、氷を含んだ小天体が地球に衝突することである。氷天体が氷境界より内側に入った場合、だんだんと天体表面から氷成分が昇華していく。原始惑星系円盤のような低圧ガスのもとでは、年間で厚さ1㎝くらいずつ昇華していくので、1㎞くらいのサイズの小惑星であれば、10万年くらいの間なら氷成分を残しておける。その間に衝突できればいい。

水を持ち込んだ衝突天体は彗星の可能性もあるのだが、探査機による彗星の観測結果が示すことは、彗星の氷の中の酸素同位体比と窒素同位体比の両方または片方が地球の海の値と大幅にずれていることである。第2章の月形成の巨大衝突説で説明したように、同位体比は原材料の出所を示す指標である。2つの元素で同位体比が異なるとなると、彗星の氷が原材料となって地球の海を作るという説は辻褄があわないようだ。

隕石は小惑星帯から飛んでくる破片だが、隕石の分析によると、彗星よりは地球の海に近い値の同位体比を持っている。小惑星帯でも外側の木星に近い領域から飛んできたと考えられる炭素質コンドライトと呼ばれる隕石は水をかなり(たとえば10%)含んでいるので、それらのもとになっているC型小惑星が地球に水を運んだのではないかと考えている研究者は多い。

氷原始惑星が水を持ち込んだ？

別の可能性は、第3章の惑星落下問題で出てきた、惑星が原始惑星系円盤ガスと重力的に相互作用して中心星のほうに落ちていくという作用である。氷境界の外側で形成された原始惑星が内側に移動してきて地球と衝突すれば、水は運ばれる。または、そのような移動してきた原始惑星そのものが地球になるかもしれない。

原始惑星になると重力が強いので、表面から氷が昇華したとしても惑星重力を振り切って消えていくにはかなりの時間がかかるし、大気をまとっているはずなので、大気圧のためにそもそも昇華温度が高くなっていて昇華できないかもしれない。このように、惑星にいったん取り込まれた水は失われにくく、水惑星は生まれたときには、その大半の成分を水(H_2O)が占めるので、氷惑星の移動による供給は、現在の地球の海を遥かに超えた量の水を供給してしまう。

したがって、この可能性は太陽系の地球に対しては否定されるであろう。

ただし、系外惑星系では、そういうことがおこるかもしれないので、水深が100kmとか1000kmの海を持つ惑星があってもおかしくない。第1章で述べたように、観測されたホット・ネプチューンとかホット・スーパーアースのなかには、氷を主成分にしているのではないかと思われているものが多数発見されている。

流れてきた氷塊が水を持ち込んだ?

第3の可能性は、地球形成時に原始惑星系円盤の温度が平衡温度よりずっと低かったというものである。詳しく考えると、円盤の温度は時間変化する。初期のガス密度が高い時代では乱流による発熱が効いて、円盤温度は平衡温度より高い。しかし、ガス密度が低くなってくると、乱流発熱は効かなくなる。一方で、まだ残っているガスが邪魔をして、中心星光が円盤の中に直接入ってこないので、円盤温度は下がり、氷境界はどんどん内側に移動し、ついには地球軌道の内側にまで来てしまうと考えられている。その後、さらに円盤密度が下がると、中心星光が円盤内を照らすようになって、温度は逆に上がり始める。やがて平衡温度に近づいて、氷境界は3天文単位くらいに後退する。

その円盤の寒冷時代に、地球軌道付近でも氷ダストが凝縮すると、大量の水が地球に取り込まれ、いったん地球重力のもとに取り込まれると、容易なことでは取り除けない。つまり、現在の地球とは矛盾してしまうと思われる。

ところが、すでに述べたように、円盤ガスは外側から内側に螺旋を描きながら数百万年という時間をかけてゆっくりと流れてくる。つまり、地球のところまで到達したガスは、その前に十分に低温の領域にいたはずで、その場所で氷ダストが凝縮して、水蒸気がガスから全て抜け落ちているはずである。地球軌道の部分に円盤ガスが到達したときに十分に乾燥していれば、いくら低温になっても氷ダストは現れない。冬に日本海側で雪が落ちてしまって、山を越えて太平洋側に入った空気は乾燥していて、太平洋側ではいくら寒くてもほとんど雪が降らないというのと同じことである。

この場合、外側領域で凝縮した氷ダストは、前章で話したように、小石くらいの大きさに成長すると、「メートルの壁」を乗り越えられずに内側に落ちてくる。落ちてきた氷の塊の一部を地球が捕えれば、少量の水が地球に供給されることになる。このアイデアは私たちが提案しているものである。

ただし、炭素や窒素の凝縮ラインは低温時代の円盤を考えても、地球軌道に達しないかもしれないので、炭素や窒素の供給は別のことを考えなければならない。低温領域でいったん氷ダストの表面に貼り付いて、紫外線照射を受けて複雑な有機物に変わると、なかなか昇華しなくなって、地球領域まで達するというのがひとつのアイデアであるが。

水、炭素、窒素の供給の必然性と偶然性

このように、地球で生命が生まれた鍵となったはずの水、炭素、窒素がどのように地球に持ち込まれたのかは、未だに明らかになっていない。

系外惑星系のハビタブル・ゾーンに地球サイズの惑星が存在したとしても、そこに水、炭素、窒素が供給されなければ、地球生命のような有機物で組み立てられた生命は生まれない。地球にどのようにして、水、炭素、窒素が運ばれたのかが明らかになって初めて、それを可能にする条件を各系外惑星系が満たしているかどうかによって、ハビタブル・ゾーンの惑星が(われわれが想像できる炭素型生命に対して)本当に居住可能になっているのかを推定できるようになる。

一番人気が高い、小惑星の衝突モデルだとすると、氷凝縮領域からハビタブル・ゾーンにまで小惑星をはね飛ばす巨大ガス惑星がその領域に存在する必要がある。ちょうどいい位置にちょうどいい大きさの巨大ガス惑星が形成される確率は高くないかもしれない。さらに、ちょうどいい巨大ガス惑星があったとしても、小惑星衝突は偶然に支配される。水があまり運び込まれなかったり、逆に多すぎたりするかもしれない。多すぎると、惑星が全て海に覆われてしまって陸はなくなる。そうなると、後で説明するような、地球でおきている炭素循環による気候安定化メカニズムがなくなったり、海へのミネラルの供給がなくなったりする。生命が生まれなくなるのかどうかはわからないが、現在の地球とは異なる環境になることは間違いない。

それに対して、氷塊モデルでは巨大ガス惑星の存在は必要ないし、偶然性が低い。もしかしたら、ハビタブル・ゾーンの惑星への水供給は必然的になるかもしれない。ただし、炭素、窒素が凝縮するような遠方領域で形成された氷惑星が、地球軌道まで到達できるのかは不明である。

海の量に関しては、もしかしたら偶然性による地球の特殊性があるかもしれない。ただし、まだよくわからない。

小石の大きさの氷塊によるモデルでは、氷塊は円盤の外縁から流れてくるのだが、小さいので、高温領域に入ると炭素、窒素化合物は昇華してしまうかもしれない(先に述べた複雑有機物になれば、持ちこたえるかもしれないが)。

「わからない」が多すぎて、話を聞いている方としては、すっきりしないかもしれないが、だからこそ、これから解明されていくことがたくさんあって楽しみだとも言える(そう思えるのは研究者だけかもしれないが)。

3　地球の内部構造

地球の内部はおおざっぱに言うと、中心部に鉄にニッケルが少々まざった合金を主成分とした金属コアがあって、その周りを、岩石を主成分としたマントルが取り囲むという、二層構造になっている。コアはさらに固体の内核と液体の外核に分かれている。中心の内核は圧力が高いので、温度が高くても固化している。

マントルのほうも、下部マントル、上部マントル、地殻というように、層に分かれている。下部マントルと上部マントルでは圧力の効果で、鉱物の結晶構造が異なる。地殻は地球内部で岩石が融けて軽い成分が浮き上がったものなので、岩石は岩石なのだがマントルとは成分が異

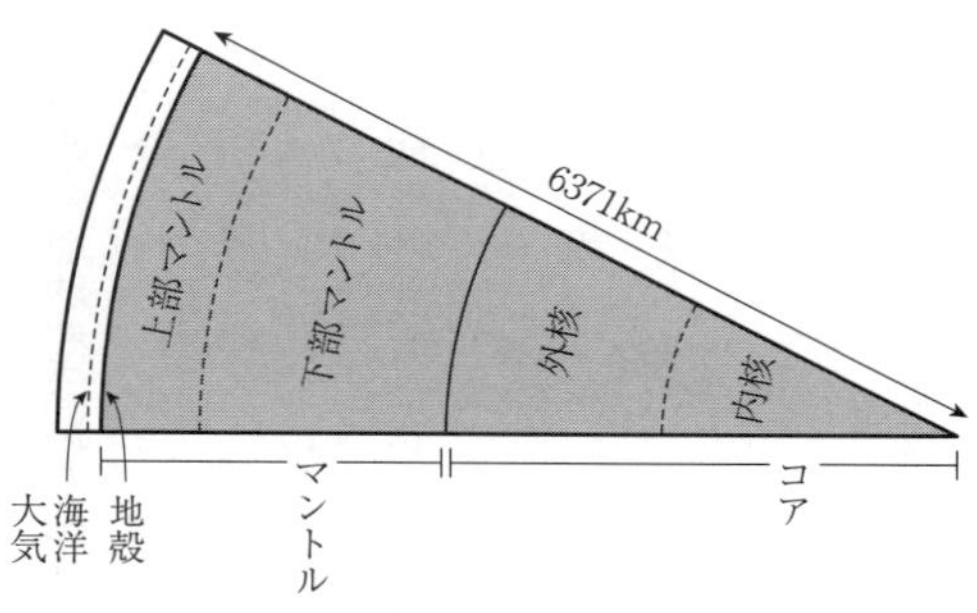

図 4-3　地球内部構造の模式図.『地球システム科学』鳥海光弘ほか，岩波書店より改変.

なる。

必ずコアとマントルに分かれる

太陽系の他の地球型惑星も重力場の測定から、全て鉄のコアと岩石のマントルに分かれていると考えられている。理論的にも、鉄成分と岩石成分があるならば、惑星形成時に分離するはずである。

惑星に微惑星や他の原始惑星が衝突する際は、惑星の重力で脱出速度以上まで加速されて衝突する。脱出速度は天体半径にだいたい比例するが、地球では秒速11kmという高速になり、鉄や岩石成分は衝突で融解し、形成中の惑星の外層部分は岩石が融けたマグマの海になっていると考えられている。融解状態では、密度が高い鉄成分は沈み、低密度の岩石成分は浮かび上がる。融解するには秒速数km以上の衝突速度が必要だが、火星サイズ以上の惑星ではそういう速度に達する。

これは単純に衝突で熱が生じるということなので、系外惑星系のアースやスーパーアースも太陽系の地球型惑星と同じように形成されているならば、同じように鉄のコアと岩石のマントルに分かれているはずである。つまり、このようなコア・マントル構造において地球は他の惑星との差異を作ることは難しい。

ちなみに元素には、鉄に溶け込みやすい親鉄性元素と岩石と結びつきやすい親石性元素がある。放射性元素は親石性元素なので、マントル側に入ることになる。

注意がいるのは、標準的な微惑星による集積ではなく、新しいアイデアの小石集積だと、降り積もる際に大気による摩擦が効いて小石は減速し、衝突速度が小さくなる可能性があることである。その場合は、少なくとも小石集積時代にはマグマの海は形成されず、コア・マントル分離はその後の巨大衝突でおこるということになるのかもしれない。

なぜ地球では磁場が発生しているのか?

地球では磁場が発生している。銀河系内で作られる超高速粒子の宇宙線や太陽から発するプラズマ粒子の太陽風は、電荷をもった粒子なので、磁場がとりまいていると地球に入ってくることができない。ただし、磁力線に沿って極の一部には太陽風が入り込むことができ、それはオーロラとして見える。

地球に磁場がなかったとすると、宇宙線による攻撃で遺伝子などが破壊されるので、陸上で生物が存在し続けるのは難しいであろうし、太陽風が直接吹き付けると、大気が剝がれていってしまうかもしれない。

地球の磁場はコア（液体になっている外核部分）で発生している。鉄のような金属の液体が流動していると、磁場が発生する。なぜ地球のコアは流動（対流）しているのかというと、微惑星や原始惑星との衝突の際に溜め込んだ熱を外に排出しようとしているからである。コアの温度は数千℃以上になっていると考えられている。テーブルの上の味噌汁も冷めながら対流するが、同じようにコアも対流する。ここまでは必然的に思える。

だが、時間が経ってコアが冷えてしまったら、もう流動はなくなり、磁場も停止する。小さい惑星は一般に冷えやすい。熱量が体積に比例するのに対して、熱を最終的に外に放出するのは惑星表面なので、冷えるのに必要な時間は半径に比例するからである。ところが、太陽系の地球型惑星では、一番大きな地球と一番小さな水星が磁場を持っていて（ただし、水星磁場は地球磁場の100分の1くらいの強さしかないが）、地球とほぼ同サイズの金星、水星より大きな火

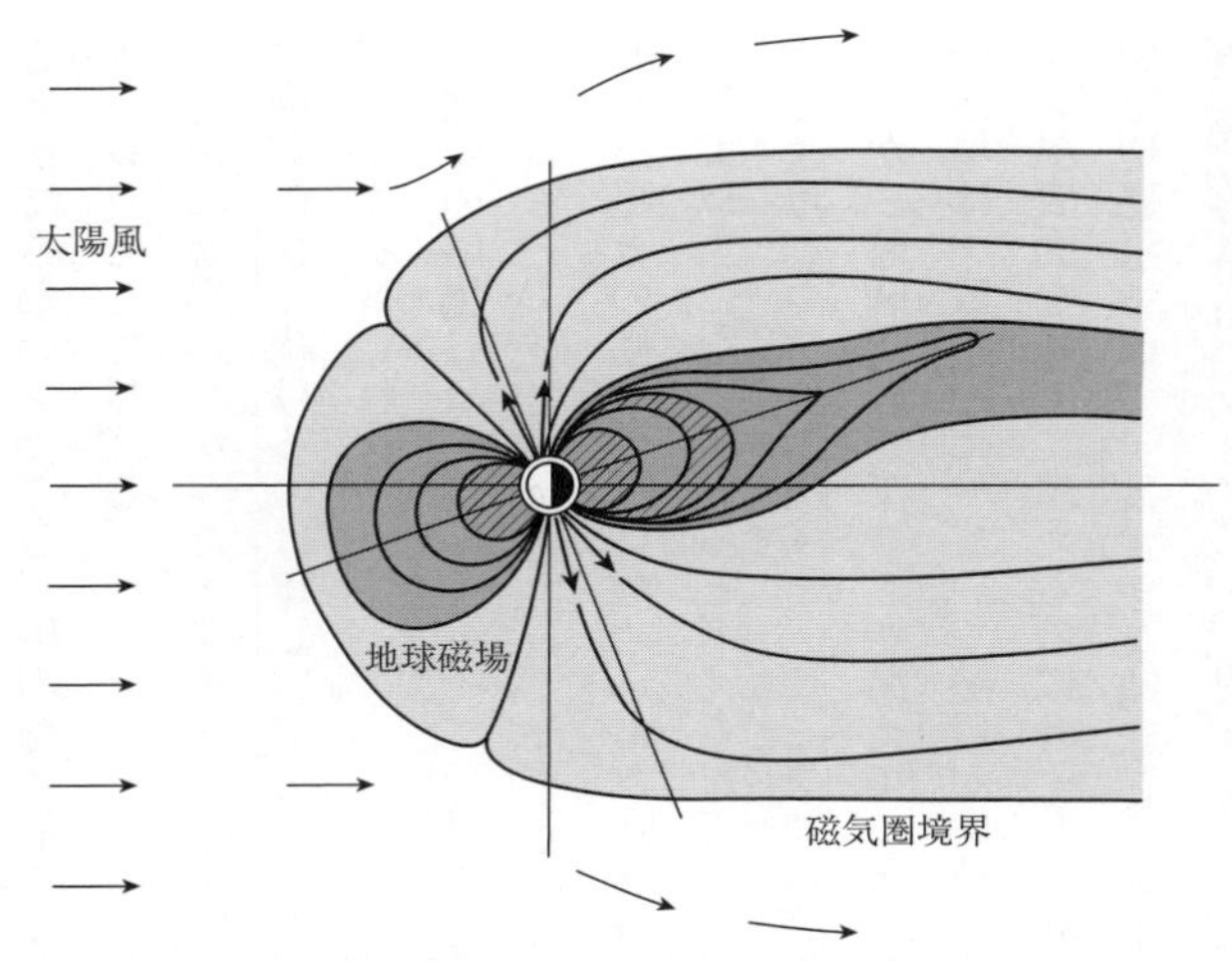

図 4-4　地球の磁気圏と太陽風の相互作用の模式図．『地球システム科学』鳥海光弘ほか，岩波書店より改変．

星は磁場を持っていない。この予想と違う事実に対しての説明は、まだできていない。どこかに推論の間違いがあるはずだ。

ちなみに、太陽系のガス惑星（木星、土星）、氷惑星（天王星、海王星）は全て地球磁場程度以上の強さの磁場を持っているが、鉄のコアではなく、水素層の流動で磁場ができていると考えられている。

惑星の磁場は、生命や大気という面で重要な役割を果たすが、その生成条件は明らかになっていない。強い磁場は地球の特徴なのか、系外惑星系のアースやスーパーアースにも磁場が存在することがどれだけ普遍性があるか、については未だによくわかっていない。まずは、太陽系の惑星の磁場の多様性を統一的に説明することが先決であろう。

マントル対流は必然的におこる

地球のマントルは岩石であって（ごく一部のマグマを除いて）融けていない。地震波が伝わっていることで、マントルは固体だということがわかる。しかし、マントルの岩石は非常に長い時間をかけてじわじわ変形しており、1億年というような時間スケールで見れば、液体と同じように対流している。

これも地球の内部に溜め込まれた熱を外に吐き出す冷却プロセスである。マントルの熱は、コアから流れてくる熱、地球集積のときに取り込まれた熱の他に、その後の長い時間で放射性元素によって生じた熱もある。

マントル対流が表面に出て、低温で硬くなった薄皮の部分が「プレート」である。そのプレートが移動するのが「プレート・テクトニクス」であり、プレートの上に乗っている大陸が移動するのが、いわゆる大陸移動である。プレートが沈み込んでいくとき取り残される軽い堆積物やマントルの奥深くから噴き出たマグマが冷えて集まったものが大陸である。日本列島はまさにプレートが沈み込んでいる場所にできた、（地球の歴史で言えば）若い地形である。そのために、地震や火山が多く、風景は変化に富んでいる。

プレート・テクトニクスは惑星の表層環境に大きな影響を与えているが、それはあとで考えることにして、ここではマントル対流を考えよう。

マントル対流自身は惑星が冷えていく過程なので、太陽系の他の惑星でも系外惑星系のアースやスーパーアースでも同じようにおきているはずである。惑星が作られる過程ではどうしても熱が発生するので、その熱は必ず外に出ようとするからだ。ただし、熱を運ぶ効率は惑星によって異なると考えられる。

地球は上部マントルと下部マントルに分けて考えることも多いが、それを分けているのは深さ660㎞の相転移による不連続面である。その深さの圧力のもとで岩石鉱物の結晶構造が変わっている。不連続面はマントル対流がその面を通過することを妨げたり、促進したりするが、660㎞不連続面は妨げるほうなので、上部マントルと下部マントルに分かれているという意見が強い。

岩石を主成分としたスーパーアースでは、マントルがさらに高圧になって、対流を妨げる別の不連続面が現れる。スーパーアースはサイズも大きいし、非常に冷えにくいという意見もある。中心星による加熱がなくても、100億年以上も地熱を保持するかもしれない。その場合は、中心星から遥か離れた場所（ハビタブル・ゾーンよりずっと外側）でも、海を保持できるかもしれない。極端な場合は、形成途中に惑星系外にはね飛ばされて、宇宙空間を彷徨っている場合でも、海を保持し続けているかもしれないという意見もある。

地球科学者の参入が必要

なんだか、だんだん話が難しくなってきたと思うかもしれない。実際、系外惑星に天文学の分野からアプローチしてきた多くの研究者にとって、コアでの磁場発生だの、同位体、マントル対流、炭素循環だのと言われても、よくわからないというのが正直なところであろう。そういう惑星の内部構造や表層環境の複雑で豊かな部分が、天文学において系外惑星が他の天体と決定的に違うところである。そこに入り込まなければ、例えば、そこでの生命の問題には切り込めないのだが、天文学の研究者には簡単ではない。系外惑星研究が木星型惑星だけでなく、地球型惑星を議論するようになり、とりわけハビタブル・ゾーンの地球型惑星が注目されるようになってきた現在、地球科学の研究者の参入が是非とも必要なのである。ただし、「天空の科学」の天文学者が「私の科学」である地球科学に苦手意識を持つように、地球科学の研究者に系外惑星に参入してもらうのはたやすくはない。対象に対するアプローチの方法が違うのでである。

筆者は、大学の学部時代には宇宙論を志し、大学院修士課程では地球物理学を研究し、博士課程で太陽系形成に移り、その後、系外惑星が発見された後は、そちらに軸足を移した。大学院修士課程で地球物理学を研究したのは、意図したわけではなく、宇宙論の研究室に合格できなかったからという理由なのだが、今となってみると、その経験が非常に役に立っている。将来何が自分の役に立つのかということは、なかなかわからないものである。

4　地球の表層環境

ここまで、地球の内部のコアやマントルの構造などを見てきた。コアは地球を包み込む磁場を発生させ、マントル対流はプレート・テクトニクスを駆動している。つまり、惑星の内部構造や内部の冷え方が、生命が住む惑星の表層環境に大きな影響を与えているのだ。次に、地球の表層環境について考える。

プレート・テクトニクスが生命を育む

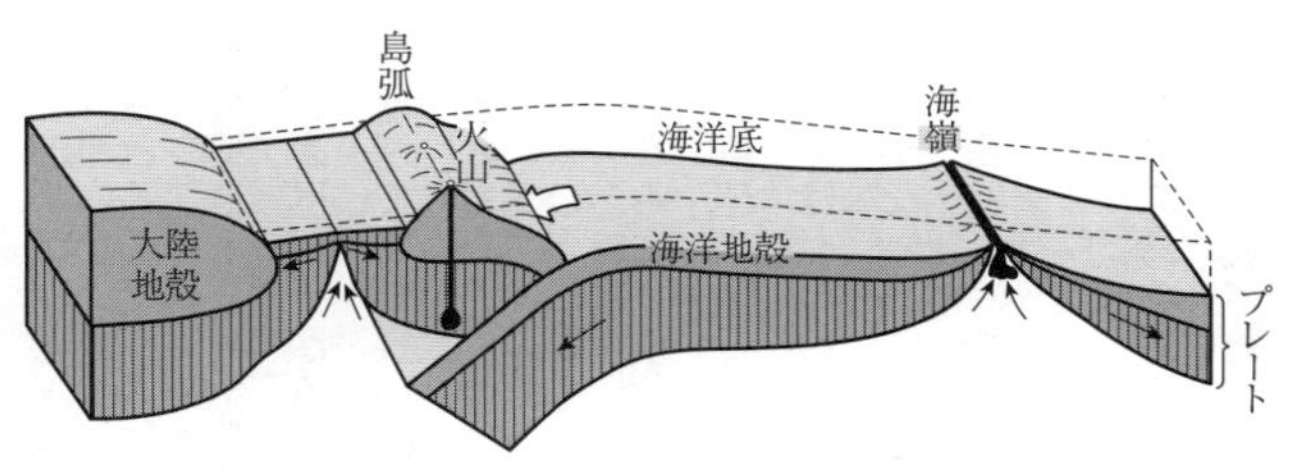

図 4-5　プレート・テクトニクスの模式図．『地球惑星科学入門』松井孝典ほか，岩波書店より．

大陸移動説は大陸の形やつなぎ目に沿って別大陸に生息する動物や地質が似ているという観察事実からアルフレート・ウェゲナーが想像したものであるが、その後、さまざまな証拠から、中央海嶺という線状の場所からマントル中のマグマが湧き出して冷え固まって「プレート」という硬い層が形成されて、両側に広がるように移動していき、日本列島のような「沈み込み帯」でマントル中に再び沈み込んでいることが証明された。

地球では、プレート・テクトニクスは大陸を作り、その大陸の岩石が風化して雨に流されてミネラルが海に流れ込んでいる。ミネラルも地球の生命にとっては重要な要素である。また、プレート・テクトニクスは炭素循環も引き起こしている。大気中の二酸化炭素は、陸地の岩石と反応し、川に流れて海に溶け込む。溶け込んだ炭素は、炭酸塩鉱物になって、プレートと一緒に沈み込んでいくが、やがて火山ガスとして再び大気に放出される。この炭素の循環は地球の表面温度を一定に保って気候を安定化している。

温度が下がり過ぎると、大気中の二酸化炭素と岩石との反応は鈍るが、火山ガスは関係なく放出されるので、大気中の二酸化炭素が増えて、温室効果によって温度が上がる。逆に温度が上がり過ぎると、大気中の二酸化炭素と岩石との反応率が上がって、大気中の二酸化炭素が減って、温度が下がる。

地球では、長い時間で考えると、プレート・テクトニクスによって気候が安定に保たれているようである。つまり、プレート・テクトニクスが働いていることが、地球で生命が繁栄した条件のひとつかもしれないのだ。

ちなみに、現代で問題になっている人為的地球温暖化の可能性であるが、人類による二酸化炭素排出の量そのものは地球の歴史のなかでの二酸化炭素量の変化に比べたら、まったく大したことはないのだが、短時間で排出量が増えていて、岩石との反応や火山活動による調節が追いつかないということが問題になっているのである。もちろん、地表温度の決まり方には二酸化炭素量だけではなく、さまざまな要因があるので、注意深く考える必要があるが。

絶妙な海の量？

ここで述べたミネラルの海への供給や炭素循環は陸地の存在を前提にしている。すでに指摘したように、たとえば地球の場合、水の供給量が数倍以上になると、陸地が存在しなくなって、ここで説明したような形でのミネラルの海への供給や炭素循環はなくなる。一方、水の供給がもうちょっと少なかったら、海というよりは湖沼が点在しているという形になるので、現在の地球でおきているような炭素循環は難しいかもしれない。ただし、温度が上がって海が蒸発して水蒸気が増え、その水蒸気の温室効果でさらに海が蒸発するという暴走温室効果というものも考えられているが、海になっている状態よりも湖沼が点在する環境のほうが、暴走温室効果がなくなるので、大局的にはむしろ好都合だという意見もある。

地球の海は「薄皮」でしかないので、地球と同じような質量、軌道半径の惑星が形成されて、太陽系と同じような巨大惑星の配置になっていたとしても、地球と同じような一定量の陸地が顔を出すような状況になっているのかどうかは、わからない。特に水供給メカニズムとして有力視されている小惑星衝突モデルの場合は、水供給量のばらつきは偶然性に支配される可能性が高い。水の量がもっと多かったり、少なかったりしたら、生命は存在できないとまでは断言できないが、少なくとも地球表層の場合とは異なる循環プロセスを持つはずで、地球にそっくりな環境にはならないであろう。

ハビタブル・ゾーンの惑星表面の海陸比は、日米加中印の共同で計画中のＴＭＴ（口径３０ｍ

図 4-6　日米加中印で計画中の TMT(上．口径 30 m 望遠鏡)と欧州で計画中の E-ELT(下．口径 39 m 望遠鏡)の想像図(UK E-ELT，ESO)．

望遠鏡)や、欧州各国の共同で計画中のＥ-ＥＬＴ(口径３９ｍ望遠鏡)が完成すれば、観測可能かもしれない。系外惑星は遠いので、いくらＴＭＴやＥ-ＥＬＴでも惑星は点にしか見えず、実際に海陸の分布が分解して見えるわけではない。しかし、海と陸の反射の仕方が違うため、惑星自転によって海の部分が中心に見えたり、陸の部分が中心に見えたりするので、惑星からのスペクトルは自転周期で変化する。さらに、公転にしたがって違う緯度地方が見え、スペクトルの公転周期での変化もあるので、それらを解析すれば、海陸分布を推定できるというわけである。これは日本人若手研究者による大変面白いアイデアである。

プレート・テクトニクスがおこる条件

マントル対流自身は、水星、金星、火星でもおきているはずであるが、これらの惑星ではプレート・テクトニクスは確認されていない。マントル内部の流動があっても、それは表面の移動に必ずしもつながっていないのである。なぜ、地球だけ表面が動くのかは大きな謎である。表面に海があることで、地殻の底が脆弱になるからではないかという意見もあるが、まだ、よくわからない。

もし、海があることが、プレート・テクトニクス駆動の条件ならば、惑星がハビタブル・ゾーンにあって、水が持ち込まれれば、プレート・テクトニクスもあるということになる。しかし、そうであっても、スーパーアースでもプレート・テクトニクスがあるのかどうかについては、さまざまな意見があって、議論は全く収束していない。だが、生物が存在する惑星の条件を知るためには、この問題も解決する必要がある。

なぜ地球と金星の大気は違うのか？

次に大気を考える。大気の量は、太陽系の地球型惑星では、惑星によって大きく異なる。水星には大気はほとんどなく、火星の大気は１００分の1気圧弱に過ぎない（地球の大気圧は1気圧）。これらの天体は質量が小さく、重力が弱いので、もともと大量の大気があったのだが、だんだんと惑星重力圏外に逃げていったのだと考えられている。水星質量は地球の20分の1で火星は10分の1。80分の1の月にも大気はない。一方で、地球の80%程度の質量の金星には90気圧もの大気があり、地球と金星では惑星質量に応じた大気量になっていない。その理由とも関わるが、次に大気の組成を見てみる。

地球の大気の組成は、体積比で言うと、78%が窒素、21%が酸素、1%がアルゴンで、さきほども出てきた二酸化炭素は0・04%である。これ以外の成分は二酸化炭素のさらに数十分の1以下で、ほとんど無視できる。地球全体で考えると、窒素は太陽組成に比べて何桁も少ないのだが、大気中では主成分になっている。地球では大気の質量は全体に比べて非常に小さくて、窒素は大気に集まっているからである。大気中の窒素はN_2という安定な形で存在している。アルゴンは不活性ガスで反応性は弱い。したがって、地球大気で反応性があるのは酸素と二酸化炭素である。

酸素は極めて反応性が高く、化学平衡を考えると、こんなに大量に存在することはできない。つまり、地球大気は平衡になっていないということである。地球大気の酸素は陸上の植物や海の中のバクテリアなどの光合成生物が吐き出し続けている廃棄物である。酸素は岩石や海と反応して大気から次々と取り除かれているが、負けじと、光合成生物がどんどん生産しているので、0・2気圧もの酸素があるのだ。金星や火星には光合成生物がいないので、酸素大気はない。このことを使って、遠方の系外のアースやスーパーアースの大気組成をTMTなどで観測して、酸素が検出できたら、そこに光合成生物がいると考えられないかという議論がさかんになっている。

太陽は何十億年という時間スケールでじわじわと明るくなっていることが理論的にわかっている。誕生当時は太陽光が現在よりも30％暗かったので、1天文単位にある惑星表面は誕生当時では今よりも20℃くらい温度が低かったことになる。しかし、地質学データからは地球ではずっと海が存在していたようで、地球の表面温度はそれほど変化していないようである。これを「若い太陽のパラドックス」と呼ぶ。

次に述べるように、大気のでき方を考えると、地球の形成当時には金星と同程度かそれ以上の二酸化炭素が大気にあった可能性がある（現在の20万倍以上というとんでもない量になるが）。金星にはプレート・テクトニクスが働かなかったので、そのまま大量の二酸化炭素が残っているが、地球では太陽が明るくなっていくにつれて、炭素循環サイクルによって、もともとは大量にあった大気中の二酸化炭素が減っていって温室効果が弱くなっていき、表面温度を保っているという意見もある。それだけで「若い太陽のパラドックス」を説明できるのかは解明できていないが、地球と金星の大気の量と組成の違いはこれで説明できるのではないかと考えられている。

こう考えると、系外惑星系のアース、スーパーアースの大気の量や組成は、そこにプレート・テクトニクスがあるかどうかが、大きな鍵になっているのかもしれない。

地球大気は岩石から出てきた

地球の大気はどこから来たのだろうか。木星や土星といった巨大ガス惑星の外層部は水素とヘリウムを主成分としていて、太陽の組成に近い。つまり、惑星重力で太陽の組成と同じ円盤ガスを取り込んだものだと考えられている。第3章で説明したように、それが巨大ガス惑星の形成過程そのものである。ところが、地球大気には水素は非常に少なく、ヘリウムはほとんど存在しない。現在の地球大気は円盤ガスから来たのではなく、岩石から出てきた「脱ガス」で作られたようだ。

不活性ガスは、他の原子と結合しにくい元素で、軽い元素ではヘリウム、重い元素ではネオン、アルゴン、クリプトン、キセノンなどがある。地球大気中でのこれらの元素の存在度は、円盤ガスの組成を残している太陽組成に比べて極めて低い。そのため、これらの元素は「希ガス」とも呼ばれている。地球大気が円盤ガスを取り込んだものならば、少なくとも重いほうの元素は大量に大気に残っているはずである。

不活性ガスの存在度が低いので、地球大気は岩石から放出されたと考えるしかない。火山噴火や微惑星が地球に衝突したときに発生したガスである（「脱ガス大気」と呼ぶ）。不活性ガスは反応性が悪いので、惑星の材料となる微惑星には取り込まれず、円盤ガスの中にとり残され、いずれ太陽に落ちていくので、地球大気には含まれなくなるというわけである。

理論計算によれば、脱ガス大気の主成分は二酸化炭素になるはずで、確かに金星と火星は二酸化炭素を主成分にしている。地球大気も、もともとは大量の二酸化炭素を持っていたと考えられる。

ただし、生命へとつながる化学進化においては、二酸化炭素大気のような酸化的環境では複雑有機物が作られにくい。初期地球においては、円盤ガスから若干の水素を取り込んで、そのことで還元的環境になり、アミノ酸などを作ったあとで、水素は地球重力圏外に抜けていったという可能性も考えなければならないかもしれない。

系外惑星系のアース、スーパーアースも微惑星集積で形成されるとするならば、二酸化炭素を主成分とした脱ガス大気を持つであろう。重力が強いスーパーアースでは水素・ヘリウムも取り込むかもしれない。実際、系外惑星の観測からは地球質量の5～6倍までは密度が高めだが、その質量を超えると密度が低い傾向にある。つまり、地球質量の5～6倍を超えると、大量に(と言っても木星型惑星になるほどの量ではないが)水素・ヘリウムを大気中に持っているせいで、トランジット法で惑星サイズが大きめに観測されているのかもしれないということである。すでに、トランジット法で観測できる系外惑星については、大気成分の観測が行われている。食をおこしているときは、中心星の光の一部は惑星大気を透過してきている。したがって、食をおこしているときのデータから食をおこしていないとき(惑星大気の寄与がないとき)のデータを差し引けば、惑星大気のデータが得られるのである。

TMTやE-ELTが稼働し始めれば、食を使わなくても、中心星と惑星を空間的に分解して観測できるので、惑星の直接撮像で大気成分の分光観測が可能になるであろう。今後のアース、スーパーアースの大気観測のデータと太陽系地球型惑星の大気との比較は、惑星大気の起源と進化の理解に重要な情報を与えていくであろう。

月と地球の深い関係

地球は太陽系の地球型惑星のなかでは特異的に大きな衛星、すなわち月を持っている。月の質量は地球の80分の1で、直径は4分の1以上もある。月と地球の距離は非常に小さいのにかかわらず、この質量を持っているので、月の重力が地球表層に与える影響は絶大である。具体的には「潮汐力」と呼ばれる力を地球に及ぼしている。

2つの天体がお互いの重力で引っぱりあいながら、円軌道で回っている場合、それぞれの天体の重心では相手の重力と遠心力が釣り合っている。だが、有限の大きさを持っている天体では、重心よりも相手に近い部分では重力のほうが強く、遠い部分では遠心力が勝る。結果として、天体はラグビーボールのようにゆがんでしまう。このような力を潮汐力と呼ぶ。そのように変形すると、天体は自由に自転できなくなって、いつも同じ面を中心星に向けようとする。だから、月は地球にいつも同じ面を見せている。

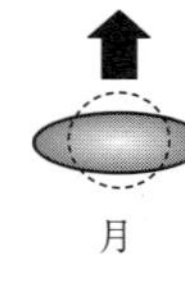

図 4-7　潮汐変形の模式図.

一方、地球のほうは月からの潮汐力にくらべて自分の質量が大きいので、現状では月による変形を振りきって自転している。したがって、月の潮汐力で出っ張る部分(潮汐バルジと呼ぶ)はどんどん移動していく。それがいわゆる潮の満ち干である。海だけではなく、固体の部分も変形している。月の公転よりも地球の自転のほうが速いので、地球の潮汐バルジは常に月の方向よりも先行し、月はそのバルジに常に引っぱられて加速され、月の軌道はだんだんと地球から遠ざかっていく。反動で、地球の自転はどんどん遅くなっている。つまり、地球の「1日」は当初、5〜6時間だったのが24時間に延びているのである。また、地軸の傾きの平均角度はだんだんと倒れてきている。月の影響で四季の違いはだんだん大きくなっているのだ。

地軸は傾きを保ったまま、コマのように数万年周期で向きをぐるぐる変えている(歳差)。この歳差を引き起こしているのは、月と太陽だが、月がなかったとすると、歳差周期が7万〜8万年になってしまい、他の惑星の重力によって地球の軌道面の傾きが変化している周期に近くなって、地軸は10万〜100万年周期で数十度も振れてしまう(首振りをしているコマが乗っている台を、首振りの周期と同じ周期で傾けると、コマの首振りが大きくなるという感じである)。大きな衛星を持たず、自転周期が地球と同じような火星では、自転軸は大きく揺らいでいると考えられている。

地球では地軸の振れはプラスマイナス1度程度しかないが、それでも氷期・間氷期サイクルの主要原因となっているとされる。地軸が傾くと、高緯度の氷河が融けやすくなるので、地球の反射率が下がって、平均気温が上がり、さらに氷河が融けるというフィードバックがかかるので、プラスマイナス1度でも気候を変えてしまうのだ。数十度も変動したら、環境は激変し、陸上で生命が存在することは難しくなるのではないかと考えられる。

ただし、大きな衛星があれば必ず、同じような効果を及ぼすとは限らない。惑星の配置や惑星の初期の自転の速さで決まるのだ。初期の自転が巨大衝突で偶然決まったと考えると、それらには多様性があるはずである。

系外惑星では、地球型惑星の衛星の観測は難しく、さらに巨大衝突という確率的な現象に左右されるとなると、衛星の影響を個別の惑星に対して評価することはとても難しい。ただし、確率的な議論はできるかもしれない。

地球とはどのような惑星か？

ここまで、軌道や質量といった天文学的な要素とは別の地球物理学的な要素である、地球の内部構造や表層環境を見てきた。コアとマントルの分離やマントル対流のように、地球型惑星であるならば、かなり必然的だと思われる特徴もあるが、地球の海の量や大気の量、組成というものはどのように決まったのか(必然的なのか、偶然なのか)については、あまりわかっていない。磁場やプレート・テクトニクス、潮汐というものは、日常でも磁石、地震、潮の満ち干というもので実感できるが、なぜ地球に磁場やプレート・テクトニクスがあるのかもわかっていない。第2章で述べたように、潮汐を引き起こす月の起源も巨大衝突説が有力なものの、その説には問題が指摘されている。

私たちが住んでいる地球の特徴は、多くのものが目に見える現象としてあって、それを「私の科学」として追究することはもちろん興味深いことであり、これまでに膨大な研究がなされてきた。しかし、「天空の視点」をもって、その特徴が系外惑星系における「地球たち」にどれだけ一般化できるのか、その特徴のなかでどれが地球に固有のものなのか、という観点で考えてみると、よくわかっていないことがあまりにたくさんあることがわかる。「私の科学」としてあった地球科学のこれまでの膨大な研究結果を、いかに「天空の視点」のもとに整理していくのかが、重要なこととなる。

何が「地球」というものを特徴づけるために本質的な性質なのだろうか？　その答えは、どのような観点で「地球」を考えるのかに依存するであろう。次章では、ひとつの例として、生命を切り口にした「ハビタブル惑星」という一般的な概念を考え、そのなかで「地球」というものを考えなおしてみることにしよう。

第5章　系外ハビタブル惑星

系外惑星研究のひとつの方向性は、まさに「天空の科学」として、惑星系の多様性を探り、その惑星系のバラエティごとの存在確率を調べ、惑星系の姿がどのようなパラメータ(例えば、中心星の質量、原始惑星系円盤の質量、重元素存在度など)によってどのように変わるのかを明らかにすることである。発見数が十分に大きくなったことで、このような定量的な解析が可能になった。

その定量的データを整合的に説明するという条件を課すことで、統一的な惑星系の形成理論も確立していくはずだ。惑星形成は異なる物理が支配するプロセスが重層的に積み重なっていて、そのなかにはよくわかっていない部分も存在する。あるひとつの惑星系の姿だけならば、その不定の部分を適当に選ぶことで、再現することはできるかもしれない。だが、その選び方は何通りもあるであろう。しかし、多数の惑星系の定量的データ全部を整合的に説明するためには、選び方はひととおりに決まってくるかもしれない。もしくは、どんな選び方をしても全体を整合的に説明することはできないかもしれない。その場合は、考えていた理論モデルの枠組み自体が間違っているということかもしれない。このように、系外惑星系の多様性と遍在性を整合的に説明する、一般的な惑星系理論の確立へ向かうことが、系外惑星研究の現在の大きな目標である。

系外惑星研究のもうひとつの重要な方向性は「ハビタブル惑星」である。第４章では「地球」の特徴を議論した。地球という天体は、私たちが生まれ、住んでいる場所である。生命という精緻なシステムが誕生して進化していった、これまでに知られている唯一の場所でもある。この「私の科学」としてあった地球という対象をどのように整理し、無数にある地球の条件をどのように捨象して、「天空の科学」と結びつけるのか。そのためには、切り口を決めなければならないと述べた。ここでは生命が存在可能な惑星「ハビタブル惑星」を考えることにする。

1　難しい「ハビタブル条件」

惑星の生命存在条件

「ハビタブル」という意味は、「生命が住める」というのが直接的な意味であるが、生まれるだけではなく、継続して住んでいくことができ、そして進化していけることも重要であろう。ただし、何をどこまで満たすことが「ハビタブル」なのかは曖昧なままで、研究者によっても考えが異なっている。

また、生命がどのようにして生まれたのかを解明する道のりはまだまだ途上であり、生命の進化の条件も明確になっていないので、どのような惑星条件を考えるべきなのかが、現状では茫漠としている。「ハビタブル」の定義、および、そのための惑星としての条件は何なのかを議論すること自体が、系外惑星研究におけるひとつの大きな研究テーマとなっている。

すでに、系外惑星系のハビタブル・ゾーンに存在するアースやスーパーアースは極めて高い確率で遍在しているであろうことは述べた。だが、太陽型星のハビタブル・ゾーンに存在する地球に限りなく似た惑星(第二の地球)という漠然としたものをイメージしても話は先に進まない。生命を誕生させる条件はまだわからない。液体の水だけでは生まれないだろうが、地球と同じような大気、海の量、磁場、プレート・テクトニクス、衛星などと列挙していっても仕方ない。すでに見たように、これらの条件がどれだけ必須なのかは、必ずしも明らかではないからだ。

可能性を幅広くとって、例えば、液体の水、炭素、エネルギーの供給の存在だけを条件にするという考えもあるかもしれない。それ以外の部分は地球の特徴と違っていてもいいとすると、実は地球とは似ても似つかない惑星でも「ハビタブル惑星」と言ってよくなる。また、惑星でなくて衛星でもよくなる。

天文学では観測可能であることが優先される。ハビタブル惑星を実証的な科学の議論にするためには、議論されて提案された条件が観測可能かどうかということも考えなくてはならない。現在では無理でも将来の望遠鏡で観測可能ならばいいのだが、原理的に観測不能な条件だと、議論しても確かめることができず、生産的な議論にならない。

研究者たちの間では、もともとは「第二の地球」の観測ということが議論されていたのだが、観測可能性を優先しているうちに、自然と「地球とは似ても似つかないハビタブル天体」、例えばM型星の惑星やハビタブル・ゾーンにある大型衛星などの議論に変わってきている。意識しないままに、「地球中心主義」から解放されてしまっているのである。

生命という切り口で見る天体「ハビタブル惑星」というターゲットは、地球科学や生物学とも結びつき、天文学という枠を超える特別な対象であるが、「天空」と「私」が交差し、地球中心主義からの解放という人間の心の問題にも深く関わる対象でもあるのだ。

地球生命の場合

生命の構造も指定しなければ、惑星に生命が生まれるかどうか、住めるかどうかを議論できない。われわれが知っている生命は、現状では地球生命だけである。地球生命は、人類もトウモロコシも大腸菌も同じ20種類のアミノ酸で体を作り、遺伝暗号も基本的に同じ4つの核酸塩基を使っている。アミノ酸は無数に種類があり、そのなかで現在の20種類に特別の意味があるようには思えない。4つの核酸塩基の組合わせにも重複があったりで、遺伝暗号が現在の形でなければならない必然性があるようにも思えない。これらのことから、生命には何系統もあったが、そのなかで一系統(共通祖先、ルカ、コモノートなどと呼ばれている)が生き残って、枝分かれしつつ進化して、微生物、植物、動物といった今の地球生命となったのではないかと考えられている(詳しくは、『地球外生命』岩波新書などを参照していただきたい)。

アミノ酸や核酸塩基を組み立てていくためには、少なくとも最初のステップでは、液体の水の中で化学反応をおこしていったのだろうと考えられている。化学反応にはエネルギーを与える必要があるので、海底火山のような熱水噴出孔が生命誕生の場と考える意見も根強い。一方で、アミノ酸を長くつないでタンパク質を作るステップは脱水反応なので、水の中では不都合だという議論もあり、そのステップは陸上で進行したのではないかという意見もある。

地球は45億~46億年前に誕生したと考えられているが、現存している最古の岩石は40億年前で、それ以前の地球の岩石サンプルは(ジルコンと呼ばれる小さな鉱物を除いて)存在しておらず、ベールに包まれており、「冥王代」と呼ばれている。だが、38億年前の岩石にも生命がいたらしい痕跡が残っているので、地球では、冥王代の段階で生命が生まれたようだ。

地質学的な証拠からは、海は冥王代から現代に至るまで、何度かの全球凍結（スノーボール・アース）時代を除いて、ずっと存在しつづけているようである。現在の地球は極に氷河があるので、氷河学的には「氷河時代」と呼ばれ（地球に全く氷河が存在しない時代も過去には何度もあった）、氷河が拡大する氷期、縮小する間氷期を繰り返している。しかし、氷河が赤道を含めた地球全体を覆うことはない。ところが、全球凍結時代には全面を覆っていたらしい。その時期には生命はほとんど絶滅したようだが、全球凍結から復帰したタイミングで、生き残った生命が急激に進化している。6億～7億年前のスターチアン、マリノアン氷河時代における全球凍結が終わると、それまで海の中でのみ生存していた生命は一気に陸に上がり、大型化して植物や動物に急速に進化していった。この生命の爆発的進化はカンブリア大爆発と呼ばれている。

全球凍結時代において、海の表面は凍りついていても、底のほうは凍っていなかったはずである。普通の物質は固化すると密度が上がって液体の中で沈むが、水（H_2O）は特別で、固化して氷になると浮かぶ。もし、水が普通の物質だったら、温度が下がって表面近くで氷ができると次々と沈んでいき、海は底まで全面的に凍ってしまっただろう。この水の性質によって、全球凍結時代において、ほとんどの生物が死に絶えたとしても、海のある程度深い部分は凍らなかったので、そこで生物の一部が生き残ることができて、地球の生命は絶えなかったのだろうと考えられる。

「地球」からの一般化

このような地球における生命の誕生、進化のストーリーを参考にして、系外惑星の生命居住可能性を議論することが多い。そのストーリーはまだ仮説に過ぎないが、仮にその地球での生命誕生、進化のストーリーが正しいとしても、地球生命の場合という、たった1種類のサンプルを一般化するのはとても危険なことだ。太陽系を中心に据えて一般化しようとしたことで、系外惑星系の発見が遅れたという教訓を、われわれは身にしみて知っている。

ただし、なるべく、1つの例に縛られないように一般化する必要があるということはわかっているのだが、いかんせん、たった1つのサンプルからでは想像が及ばない部分が多く、十分な一般化ができない。実際の多様性の答えを知ってしまえば、それはそうであろうと思うのだろうが、前例のないものを思いつくというのは至難の業なのだ。

一般化云々の以前に、生命誕生の問題は、地球生命自身のことすらよく理解できていない。

現状では、アミノ酸や核酸塩基の種類までは限定しないが、有機物（炭素が中心になって、窒素、酸素、水素などをつないだ化合物）で体を作っている生命を考え、液体の水の中での化学反応が重要だったと仮定して、液体の水の存在を考えるところから議論を始めるしかないであろう。もちろん、このことは他の仕組みや他の元素を使う生命を否定しているわけではない。

このような事情があるので、第４章で述べたような、惑星表面に液体の水が存在できる軌道範囲「ハビタブル・ゾーン」という考えが、まずは出てくるのである。もちろん、この条件はあまりに単純であり、他の重要な条件もあるはずである。たとえば、第４章で述べた、大気の量や組成、磁場の存在、プレート・テクトニクスの存在、月のような大きな衛星の存在という条件も考えられる。だが、それらは地球においては生命が居住する環境に重要な役割を持っているが、どこまで一般化できる条件なのか、現状ではわかっていない。さらに他の条件があるのかについては、引き続き検討をするしかない。それだけで研究分野となるような難しいテーマである。一方で、それらの特徴は、地球では生命の誕生進化に影響したが、本質的な条件ではなく、別の惑星でちょっと違った生命が生まれたら、その惑星の個性である環境に影響されて進化していくだけであるという考え方も成り立つかもしれない。

液体の水が惑星表面に存在するという条件に限っても、ハビタブル・ゾーンの外側境界は決めにくい。惑星が大きめのスーパーアースの場合、もともと冷えにくい上に、大気が濃密な可能性があって、その場合は温室効果が効いたり、長寿命放射性元素を多く含んで、何十億年にもわたる安定した発熱があったりするので、中心星からかなり遠く離れても液体の水が存在できる可能性もある。

第4章で詳しく議論したように、ハビタブル・ゾーンにあるからといって、惑星表面に水、炭素、窒素が存在するとは限らないということも重要である。水、炭素、窒素をハビタブル・ゾーンにある惑星に運びこむメカニズムが必要である。また、水があっても、地球のように大陸が顔を出せるくらいの微妙な量であることが必要かもしれないという議論があることも、考えなければならない。もちろん、それは地球をベースにした考えなので、どこまで一般性がある条件なのかは、まだわかっていないが。

まずは、地球からのバリエーションを考えやすい、太陽型星のハビタブル・ゾーンの地球型惑星「地球たち」から考えていくことにしよう。

2　地球たち

太陽型星のハビタブル・ゾーンの地球型惑星の形成確率

最新の惑星形成モデルをもとにして、太陽型星の周りのハビタブル・ゾーンに地球サイズに近い惑星が形成される確率について考えてみよう。第1章で説明したような、望遠鏡観測で決まる惑星の軌道、質量(またはサイズ)だけで議論できるところから始めるということである。いくらハビタブル惑星の内部構造とか表層環境を議論しても、そもそも惑星が存在しなければ意味がない。すでに観測的には、ハビタブル・ゾーンに地球サイズに近い惑星が存在する確率は20%というような高い確率が推定されていることを述べた。だが、それは観測可能領域での分布をそのまま延長できると仮定したものであって、実際にそこの惑星が観測できているわけではない。

第3章で述べたように、惑星形成理論は現在進行形で変化しているので、確率の計算は、その変化による不定性を含んだものになることに注意されたい。まず、微惑星集積か小石集積かという問題があるが、小石集積がおこる条件やその過程が十分には調べられていないので、ここでは微惑星集積の場合を考えてみよう。微惑星集積の場合でも、微惑星が一様にばらまかれた状態からスタートする可能性と、特定の場所に集中している可能性があるのだが、特定の場所である円盤の凸凹の位置が特定できていない。したがって、ここでは、もっともオーソドックスな一様にばらまかれた微惑星のケースを考えよう。

筆者たちは惑星系生成モデルというものを考案し、系外惑星の分布の理論予測を行ってきた。このモデルでは、惑星形成の各過程について、これまでに行われてきた詳細なコンピュータ・シミュレーション結果を式の形に表して、その過程をつなぎ合わせて、惑星形成全体を記述しようとするモデルである。初期条件分布に応じて多数の計算を繰り返すので、惑星形成の各過程を十分に簡素な式に表さなければならないが、シミュレーション結果の本質的な部分を損なったり、定量的な誤差が大きくなったりしてはいけないので、どういう案配で式に表すのかが研究者の腕の見せ所である。

このモデルでは原始惑星系円盤の初期条件をインプットすると最終的な惑星系がアウトプットされるという形になっている。観測から推定される円盤の分布を使って、多数の惑星系を計算して、その結果を重ねると、第1章で示した図1-6、図1-7、図1-8に対応するような分布図が得られて、観測データと理論予測を直接比較できる。その比較から、観測によりわかった惑星の分布がどのような物理過程を反映したものなのかがわかる。逆に、観測データと理論予測の食い違いから、理論モデルで抜けている過程があることがわかったり、理論モデルで不定性が大きな部分に制約を加えたりすることができる。

図5-1は、筆者たちの惑星系生成モデルで計算した、太陽型恒星の周りの惑星の分布予測である。少しずつ初期条件が異なる1万個の円盤で計算したものである。惑星落下プロセスや惑星間のはね飛ばしの効果も考慮されているので、軌道半径が0・1天文単位以下のホット・ジュピター(上図の左上の分布)やエキセントリック・ジュピターの分布(下図の右上の分布)も再現されている。

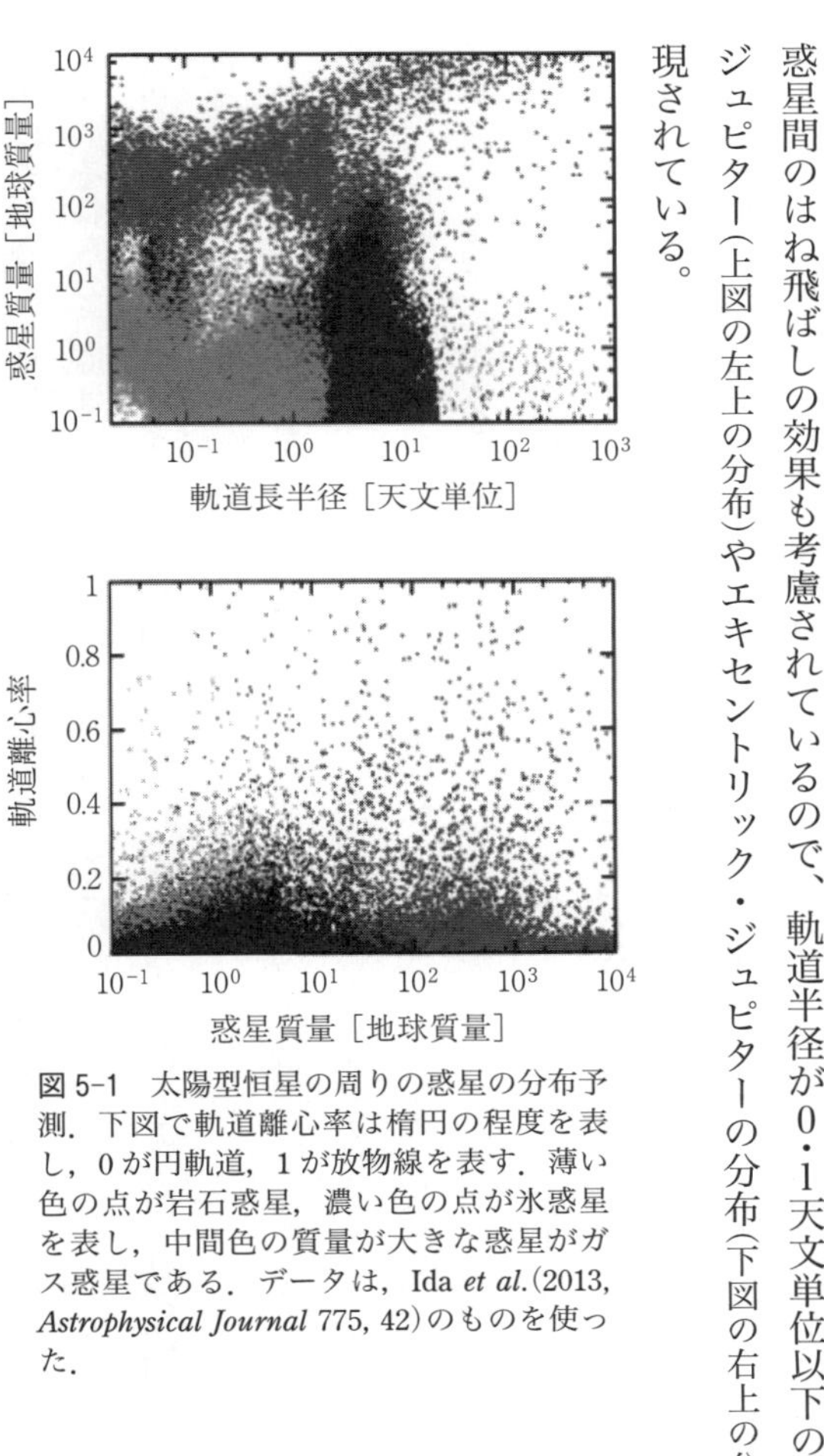

図5-1　太陽型恒星の周りの惑星の分布予測．下図で軌道離心率は楕円の程度を表し，0が円軌道，1が放物線を表す．薄い色の点が岩石惑星，濃い色の点が氷惑星を表し，中間色の質量が大きな惑星がガス惑星である．データは，Ida *et al.*(2013, *Astrophysical Journal* 775, 42)のものを使った．

上図を見ると、地球と同じような軌道長半径、質量の惑星が多数形成されていて、下図を見ると、それらの軌道は円軌道に近いものが多いことがわかる。一方、強い楕円軌道のものは巨大ガス惑星ばかりである。その理由については、第3章で説明した。これは観測結果をよく説明する。

惑星落下の効果も入れて計算しているのだが、地球の軌道付近に多数の惑星が残っている。計算してみると、惑星落下してもまだ微惑星が残っていて、そこから二代目が生まれ、それが落ちても三代目が生まれということで、結構残っているのである。ただし、太陽系のように4つの地球型惑星が残るというケースはなかなか実現できない。

太陽系の姿をきれいに再現することはできていないのであるが、図1-6、図1-7と図5-1を見比べると、系外惑星の分布の全体的な形はある程度再現できていると考えられる。この結果を使って、太陽型星が、地球質量の3分の1倍から3倍でハビタブル・ゾーンに入っている惑星を持つ確率を計算すると、実に30〜40%に達している。特定の場所に微惑星が集中している場合でも、小石集積の場合でも、この確率が、例えば10分の1以下になってしまうということはなかなか考えづらい。

このように、観測データからも理論モデルからも、ハビタブル・ゾーンに地球サイズに近い惑星が存在する確率は、10%以上はありそうだということが、当てずっぽうではなく、それなりの信頼度のもとに言えるのである。では、軌道と質量以外の要素はどうなっていそうか、考えてみよう。

太陽型星のハビタブル惑星のバラエティ

全体組成に関しては、岩石と鉄が主成分だということは、よほどのことがない限り動かないであろう。岩石マントルに対する鉄コアの比率も大きなバラエティはないかもしれない(太陽系の水星の大きなコアは大きな謎だが)。

よほどのこととは、例えば、炭素が酸素より多い恒星・円盤の場合である。銀河系には炭素過剰星というのも見つかっている。炭素を大量に放出する超新星爆発もあるので、その残骸の星間ガスから生まれた恒星では酸素よりも炭素が多くなる場合がある。酸素は炭素と結びつきやすいので、炭素のほうが多いと、酸素は全て炭素に食われて、二酸化炭素や一酸化炭素になってしまい、水も岩石(ケイ酸塩)もできなくなってしまう。この場合は、炭化ケイ素が比較的高温領域の惑星の主成分になり、惑星組成が全く違ったものになるのではないかと言われている。ただし、今の銀河系では、炭素過剰星は数少ない。星生成率が高い銀河では、炭素過剰星が多い傾向にあり、われわれの銀河系で今後もっと星が生まれていくと、炭素過剰星が増えてくるかもしれないが。

磁場は惑星表層環境に大きな影響を与えるが、第4章で述べたように、惑星磁場の理論的推定は、現状では難しい。ただし、磁場が弱くて宇宙線が惑星表面まで届いたとしても、宇宙線は海の深い部分には達しないので、海の中に住んでいる生物はあまり影響を受けないかもしれない。系外惑星で磁場があるのかどうかを何とか観測する方法がないか、活発に議論されている。

太陽型星のハビタブル惑星の炭素循環

主成分の岩石と鉄については、バラエティは少ないかもしれないが、そこに加わる低温でないと凝縮しない成分の水、炭素、窒素や、微量な元素の長寿命放射性元素については、その量には非常に大きなバラエティがある可能性がある。

地球において、炭素は生命の素になっているという重要性もさることながら、海、陸、マントルを炭素が循環して、プレート・テクトニクス、火山噴火、温室効果を介して、地球の歴史のなかで気候を安定化させているという重要性は非常に大きいように思える。第4章で説明した「若い太陽のパラドックス」も炭素循環で乗り越えたという意見も強い。

生命が進化していくためには10億～100億年というような長い時間スケールで気候が安定でなければならないかもしれない。一方で、生命は遺伝子で正確にコピーをとってしまったら、進化はしない。生命の進化には、コピー・ミスが誘発されてしまうような厳しい状況、つまり、気候変動や環境変動がある程度は必要かもしれない。もちろん、全滅してしまうほどの変動はまずいが。実際、地球の過去に何度かあった全球凍結のタイミングで生物が飛躍的な大進化を遂げたことがわかっている。

地球では全球凍結が何度かあったようだが、すべて凍結から温暖な状態に復帰している。全球凍結に至る原因についてはまだいくつかのアイデアが並立しているが、全球凍結から温暖な地球への復帰には炭素循環が重要な役割を果たしたのだろうと考えられている。全面的に凍ってしまうと、大気中の二酸化炭素が陸の岩石や海と反応しなくなる。ところが火山活動は表面が凍っているかどうかにかかわらず継続するので、二酸化炭素がどんどん大気中にたまって、温室効果が増大していき、温暖な地球に戻ったという意見である。

この地球での炭素循環は、海と陸が共存していること、プレート・テクトニクスが働いていることが鍵になっている。プレート・テクトニクスが働く条件ははっきりしないが、もしかしたら海が存在するだけでいいのかもしれない。だが、陸と海が共存することも条件だとすると、第4章ですでに述べたように、水の供給量に厳しい条件がついてしまう。もちろん、炭素がなければ炭素循環はないので、炭素が一定量、惑星に運ばれる必要もある。

ただし、陸がなくて海で惑星表面全面を覆われた場合にも、別の形の炭素循環や、炭素とは別の元素の循環により気候が安定化されることもあるかもしれないので、あまり炭素循環を絶対視してはいけないことにも留意がいる。

かなり話がこんがらかってきた。つまり、プレート・テクトニクスや炭素循環に関わる部分は専門家の間でも意見が錯綜し、まとまったモデルができていないのである。したがって、現段階で「ハビタブル惑星」の条件にこれらの要素を入れるべきではないであろう(磁場の要素も同じである)。

2020年代中半くらいに登場予定のTMTやE-ELTなどの大型地上望遠鏡では、太陽型星のハビタブル・ゾーンのスーパーアースを中心星から分離して分光観測が可能となり、大気のスペクトルがとれることが期待されていることはすでに述べた。二酸化炭素の吸収線は検出しやすいので、いろいろな惑星の大気にどれくらいの二酸化炭素が存在しているかの推定ができるであろう。炭素循環していれば、金星のような莫大な量の二酸化炭素大気ではなく、二酸化炭素のかなりの量が大気から取り除かれているであろう。つまり、分光観測ができれば、炭素循環が稼働しているかどうかはわかるかもしれない。

すでに触れたように、ＴＭＴやE-ＥＬＴによる観測では、系外惑星の陸と海の分布も観測できるかもしれない。すくなくとも全面を海で覆われているのか、陸も顔を出しているのかの区別はつきそうである。

このように太陽型星のハビタブル・ゾーンの地球サイズくらいの惑星では、地球をベースに拡げたイメージが通用する可能性があるかもしれないが、その表層環境には大きな多様性がある可能性も高く、表層環境に関するデータは、２０２０年代中半以降にならなければ得られないであろう。現時点ではなかなか次に進めないのである。しかし、天文学的な研究は観測ができなければ始まらない。ハビタブルの条件をゆるく考えて、液体の水、炭素、エネルギーの供給の存在くらいの条件だけにおさえると、実は現時点でも観測をどんどん進めていけるターゲットがあるのである。

3　巨大ガス惑星の衛星たち

ハビタブル・ムーン

太陽系でも木星の衛星のエウロパ、土星の衛星のエンケラドスは、表面は凍っているが、氷の下の内部には液体の海があることがほぼ確実で、そこでの生命の存在の可能性が議論されている。エンケラドスでは実際に表面の割れ目から水(または水蒸気)が噴き出しているのが見事に観測され、水の中には有機物も含まれていたのである。エウロパでも若干間接的であるが、水が噴き出している証拠が得られている(詳しくは、『地球外生命』岩波新書などを参照していただきたい)。

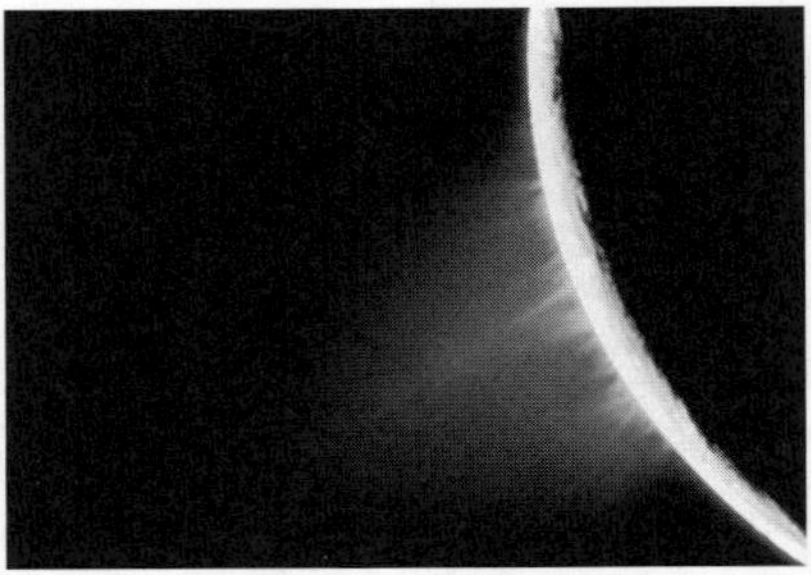

図5-2　土星の衛星のエンケラドスから水や有機物が噴き出しているのをとらえた写真(NASA).

　これらの衛星は中心星放射を熱源とするハビタブル・ゾーンからは遠く離れているのだが、母惑星である木星や土星からの重力が引き起こす変形による潮汐加熱があるので、海が存在可能なのである。これらの衛星は、第4章で説明した月の例と同じように、惑星潮汐力によって変形するのだが、自転と公転が同期していて、いつも同じ面を惑星に向けている。それだけだと、変形は固定される。だが、これらの衛星は別の衛星の重力の影響で軌道は楕円になり、1周の間に惑星に近づいたり遠ざかったりし、それにしたがって変形の程度が変動する（第3章の図3-3を参照）。その変形の変動による摩擦で熱が常に発生する。この熱によって、中心星放射による加熱がなくても、液体の海が内部に存在できるようになるのである。

エウロパ、エンケラドスの内部海という環境は、地球のイメージからはほど遠い。しかし、内部海はたぶん底で岩石層と接していて、岩石鉱物からミネラルも海に溶け込むだろうし、潮汐加熱によって熱水も噴き出しているだろうし、地球型の生命ですら、存在していてもおかしくない。特に外界の温度はかなり低いので、水はもちろん氷として凝縮しているし、二酸化炭素やアンモニアなどが固体として凝結する領域からも近く、炭素や窒素は、衛星の材料物質内に大量に存在しているであろう。ハビタブル・ゾーンの惑星では、温度条件は中心星放射の加熱で液体の水が存在できるが、その水や炭素、窒素を運び込める条件が明らかになっておらず、エウロパ、エンケラドスのような低温領域の氷衛星のほうが、むしろ生命が生まれる条件を満たしやすいのかもしれない。

系外惑星では巨大ガス惑星も多数発見されている。木星や土星の大型の衛星では、原始惑星系円盤のガスが惑星に流れ込む際に一時的に惑星の周りにミニ円盤が作られて、その円盤の中で固体物質が集積して形成されたのではないかと考えられている。系外の巨大ガス惑星も同じように形成されたのであれば、同じように大型の衛星も形成されている可能性が高い。

第1章で見たように、視線速度法による観測では系外巨大ガス惑星は1天文単位あたりに集中的に発見されている。視線速度法の観測ターゲットは太陽と同じような恒星が多いので、これらの惑星は、ハビタブル・ゾーンに存在していることになる。衛星で潮汐加熱が有効に働くためには、衛星の軌道が母惑星に近いこと、他の衛星との重力相互作用も必要になることなど諸条件があるが、ハビタブル・ゾーンにある巨大ガス惑星の衛星ならば、大気さえあれば、中心星放射の加熱で、衛星表面に海が存在できるであろう。土星の衛星タイタンは厚い大気に覆われているし、太陽系外には木星質量の10倍に達するようなガス惑星も発見されている。十分な大気を持つ衛星はたくさん存在するであろう。

表面に海が存在できると考えられるので、こういう衛星は「ハビタブル・ムーン」と呼ばれている。天空を覆わんばかりの母惑星を眺める衛星の世界は、その眺めだけでも異界だし、母惑星からの潮汐力や突き刺さる母惑星の磁場も強大なはずで、「ハビタブル」と言っても、その環境は地球のイメージからは大きくかけ離れている。

ハビタブル・ムーンの問題は観測が難しいことである。視線速度法では質量が小さいことと、すぐそばにある巨大ガス惑星の影響があることで、検出は非常に難しい。トランジット法では現状でも検出可能と考えられているのだが、1天文単位くらいの軌道半径の惑星が食をおこす確率が低い。

系外巨大ガス惑星のハビタブル・ムーンは話題にはなるのだが、実証が簡単ではないので、それ以上の議論は進んでいないのが現状だ。ただし、詳細な観測もでき、行ってみることも可能な太陽系内のエンケラドスやエウロパは、ますます注目を集め、活発な議論が続いている。

4　赤い太陽の異界ハビタブル惑星

M型星のハビタブル惑星――現在の注目の的

実際に観測可能な(というより、すでに検出されている)異界のハビタブル天体としては、すでに触れた「M型星」の惑星がある。

太陽型星のハビタブル・ゾーンの地球型惑星は、地球と似た惑星環境を持っている可能性もあり、それはもちろん興味深い対象だ。しかし、現在のレベルの視線速度法や直接撮像では検出できない。トランジット法では、太陽型星のハビタブル・ゾーンの地球型惑星の検出は、宇宙望遠鏡を使えばぎりぎり可能だが、視線速度法や直接撮像で追加観測ができないと、その惑星の詳細な情報は得られない。

一方、M型星は、太陽の100分の1というような放射エネルギーしかない、主に赤外線で光る暗い恒星であり、ハビタブル・ゾーンは0・1天文単位というような中心星に近い場所に位置する。そこまで中心星に近いと、ハビタブル・ゾーンのスーパーアースやアースは、トランジット法でも観測可能な軌道になっている確率が高いとともに、視線速度も大きい。視線速度法による観測では光をスペクトルに分解するために、みかけの明るさが大きい恒星でなければ観測が難しいという問題があって、これまであまり観測が進んでいなかったが、高精度の赤外線分光装置が世界中で次々と稼働し始めていて、今後、M型星の惑星の視線速度観測も進んでいくであろう。

視線速度観測に加えて、トランジット観測もできれば、平均密度から内部組成の推定もできるし、大気組成の観測もできる。研究者の間では自然と、M型星のハビタブル惑星に注目が集まるようになってきている。現状でも観測できるからという理由が一番大きいが、銀河系を構成している恒星の7〜8割はM型星と言われていて、M型星のハビタブル惑星は、宇宙におけるハビタブル惑星の多数派のはずだということもある。実際、太陽近くの恒星の大多数はM型星である。太陽に一番近い恒星のひとつで、地球質量程度のアースがハビタブル・ゾーンに発見されているプロキシマ・ケンタウリも、質量は太陽の8分の1で、放射量は太陽の1000分の1程度しかないM型星である。

いかに異界か

月は地球にいつも表の面を見せているが、木星や土星の衛星もいつも同じ面を惑星に向けている。このような自転と公転の同期は、第4章で説明したように、中心天体の潮汐力によってもたらされる。潮汐力は中心天体のみかけの大きさに比例する。つまり、中心天体のみかけの大きさがある一定以上になるような軌道を回っていると、いつもその中心天体に同じ面を向けるように自転が必然的に調整される。地球から見た太陽の大きさは小さいの

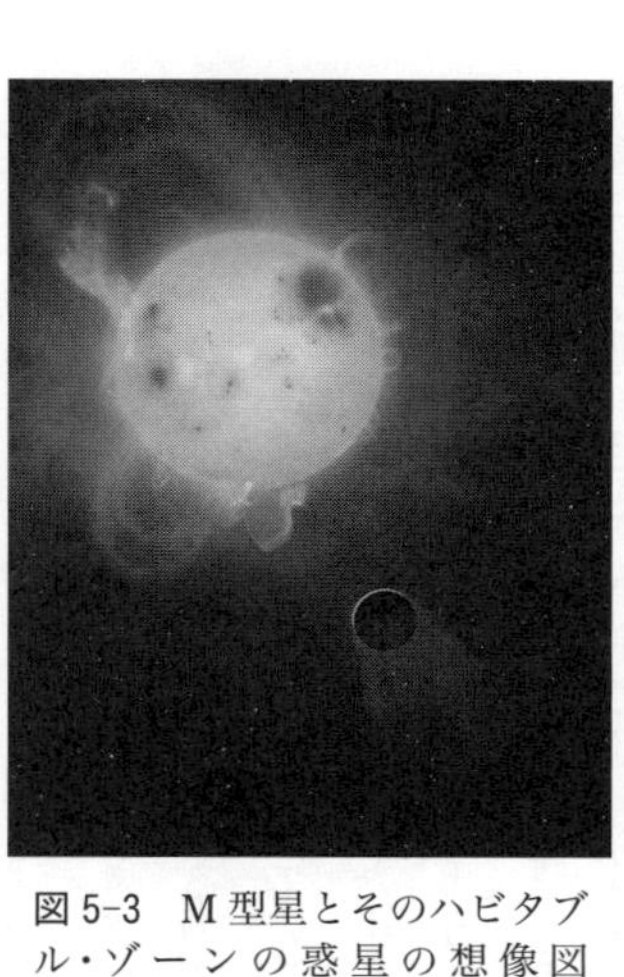

図5-3　M型星とそのハビタブル・ゾーンの惑星の想像図 (Mark A. Garlick/University of Warwick).

で、地球の自転は同期されていない。

地球からの太陽と月のみかけの大きさは、ほぼ等しく、月による潮の満ち干と太陽による満ち干が似たような大きさになっているので、潮の満ち干は単調な振動にならずに、大潮、小潮というような変動を持つようになっている。

ハビタブル・ゾーンの惑星から見た中心のM型星のみかけの大きさは、木星や土星の衛星からの母惑星のみかけの大きさと似たようなものになっているので、M型星のハビタブル惑星はいつも同じ面を中心星に向けていると予想される。つまり、このような惑星では、いつも同じ位置に中心星が見え、裏側では中心星は見えない(厚い大気があると、このような同期がおきないという説もあるが)。つまり「一日」がない。また、潮汐力の影響で自転軸は公転面に垂直になるはずなので、四季もない。一日や四季の周期が気流の動きを支配しているので、このような惑星の気候は地球とは全く違ったものとなるだろう。

M型星は暗いと言ったが、それは惑星の温度を決める(連続波の)可視光や赤外線が弱いという意味で、危険な紫外線やX線などは、太陽型星と同程度かそれ以上の強さを持っている。紫外線やX線は全体量が少なくても、大気を蒸発させたり、生命の遺伝子を破壊したり(要するに被曝である)と、惑星表層環境に及ぼす影響は大きい。恒星表面での爆発現象であるフレアも

M型星は強い。そんな恒星なのに、ハビタブル・ゾーンの軌道半径は太陽型星の場合の１０分の1くらいなので、ハビタブル・ゾーンの惑星が単位面積当たりに受ける紫外線やX線の強さは地球の１００倍以上になり、フレアは直接惑星に届く。非常に過酷な環境だと思うかもしれないが、それは表側の話で、裏側への影響は少ない。

　惑星が強い磁場を持っていれば、フレアをある程度防げるのだが、惑星が何個もあってお互いの重力の影響で多少でも楕円軌道になっていたりすると、木星や土星の衛星と同じように、潮汐加熱がある。その発熱がマントル部分であると、コアが冷めることができなくて対流がおこらず、磁場が生成されないかもしれない。ケプラー宇宙望遠鏡の観測結果は、太陽型星では中心星に近い軌道のスーパーアースは編隊を作っていることが多い。M型星のスーパーアース、アースも編隊をなして存在する可能性は高いであろう。

図5-4　M型星のハビタブル・ゾーンの惑星の表層の想像図(SSC, JPL-Caltech, NASA).

　このように、ハビタブル・ゾーンの惑星から見た中心星のみかけの大きさは、M型星の惑星の場合、地球の場合の面積の100倍程度になっているが、M型星が発する主な光の赤外線は大気を通過しにくいので、M型星の姿はぼんやりとしているはずである。だが、時折、フレアが襲ってきたり、強烈な紫外線やX線も降り注ぐ。赤ぼんやりとした巨大な「太陽」がいつも同じ方向に見える世界は、くっきりした黄色い太陽が青空を横切っていく地球の光景とは、さぞかし違ったものになるであろう(図5-4参照)。その赤い太陽は危険でもあるので、夕暮れ地域が生命にとって最適なエリアかもしれないという議論もある。

本当にハビタブルか?

これだけの異世界ではあるが、水や炭素、窒素の供給に関しては、太陽型星の場合よりは有利かもしれない。M型星は暗いので、ハビタブル・ゾーンだけでなく、氷、炭素、窒素が凝縮する領域も中心星に近い。言い換えれば、原始惑星系円盤は、全体的に温度が低く、氷、炭素、窒素が凝縮する領域が大部分になる。第4章では、氷、炭素、窒素をハビタブル・ゾーンに運ぶ3つの可能性について述べた。巨大惑星による氷小惑星のはね飛ばし以外は、太陽型星よりもM型星のほうが有効に働くと考えられる。特に、氷原始惑星が形成される場所は中心星に近いので中心星に向かって移動するスピードも速く、ハビタブル・ゾーンは原始惑星系円盤の内縁に近いので、移動がそのあたりで止まる可能性も高く、氷原始惑星が自ら移動して水を持ち込むという可能性が非常に高くなる。

ただし、水供給があまりにも効率的なため、M型星のハビタブル惑星では、惑星全体の大半が水で占められ、海は深さ数千㎞に及ぶかもしれない。実際、これまでに、M型星のスーパーアースでも(ハビタブル・ゾーンより中心星に近いものもあるが)トランジット観測とドップラー観測の両方が成功して、密度そして組成が推定できているものがいくつかあり、その結果は、半分以上の質量が水でできていると考えてもよいというものになっている。このようなとてつもない深さの海があると、炭素循環やミネラルの供給は難しいかもしれない。

もうひとつ考えなければならない問題は、太陽型星が惑星形成時からあまり明るさを変えないのに対して、M型星は惑星形成時に対応する時代にはかなり明るくて活動的だということである。最終的にハビタブル・ゾーンになる領域の惑星は、形成時には非常に高温で、海が蒸発して水蒸気大気を形成している可能性が高い。そのままならば、冷却後に海が作られるのであるが、水蒸気大気に紫外線やX線が照射されると、水蒸気が次々と惑星重力圏から逃げていってしまう。われわれの計算によると、地球の海の量に匹敵する量が逃げてしまうようだ。もともと、数千㎞もの海であったら、それだけ蒸発しても影響はないが、ちょうど陸が顔を出すくらいの地球のような海の量だったら、この効果で、カラカラに干上がってしまう。M型星のハビタブル惑星では、地球のような、陸と海が共存するものは存在しないかもしれない。

「地球」を離れて

ハビタブル・ムーン、M型星のハビタブル惑星という異界の話が続いたが、このように、研究の先端ではもはや「地球中心主義」は崩れ去り、「第二の地球探し」というようなフレーズではハビタブル惑星の研究はカバーできなくなっている。

しかし、依然として、M型星のハビタブル・ゾーンの惑星の発見に対して、メディアでは「地球に似た惑星発見！」「第二の地球発見！」という見出しがつく。筆者は、そういう見出しには違和感を感じ、「地球に似てなければ研究対象、興味の対象として意味がないのか？」「そうやって、地球中心主義にこだわることで、全体像が見えなくなってしまい、そのことで逆に地球の位置づけも見えなくなるのではないか？」「本当に地球に瓜二つの姿であることが重要であり、キャッチーなのか？」などと考えてしまう。もちろん、そのメディア報道のソースは研究者である。基礎となる観測データや計算データには基本的に主観は入らないのであるが、それの意味することの解釈、特に研究成果の社会への広報という場においては、研究者の主観が誇張された形で反映されることがある。筆者が感じた違和感もひとつの主観であるとも言える。

実際の研究の現場では「地球中心主義」は崩れ去っているのであるが、専門の研究者の議論であっても「私の視点」が混入し、それが混乱を招くこともある、そこが面白いところでもある。だが、有意義な議論のためには、「私の視点」と「天空の視点」が混在し、交錯していることをきちっと意識して議論すべきであろう。

終章　惑星から見た、銀河から生命へ

「はじめに」で、系外惑星は銀河系に遍在する天体であって「天空」の科学には違いないが、この生命を育んだ地球という「私」の科学にもつながっており、地続きで「天空」と「私」をつなげるユニークな研究分野だと述べた。特にハビタブル惑星の研究は、人の心理も絡む面白い研究分野だということを指摘した。ここまで本書を読んできてもらえば、なんとなくそういうことを理解してもらえるかもしれない。

そのことを頭におきつつ、本書のまとめとして、銀河から生命への流れを惑星という切り口で俯瞰していくことにしよう。

元素合成――ビッグバン、恒星熱核融合、超新星爆発

ビッグバンで合成されるのは、水素、ヘリウムのみである(リチウム、ベリリウムは作られるが、すぐに崩壊してしまう)。惑星が作られ、生命が生まれるためには、酸素、炭素、ケイ素、リン、マグネシウム、鉄といった「重元素」が恒星の内部で作られなければならない。第4章でも、宇宙における元素合成に簡単に触れたが、ここではもうちょっと詳しく話をしておこう。

リンはこれまで登場していなかった元素である。それは、リンは超微量元素であり、惑星本体を作ったり、惑星環境を整えたりすることに必須な元素ではないからだ。だが、生命においては、遺伝をつかさどるＤＮＡやＲＮＡ、生体エネルギー通貨と呼ばれるＡＴＰ、細胞膜など重要な部分に使われている必須元素である。

生命の定義としてよく引用されるものとして、自己複製をすること（遺伝）、外界と自分を分けていること（細胞膜）、外界との間で物質を交換してエネルギーを作ること（代謝）の３つの条件があるが、リンはその全てに関わっている。リンの代替になる元素としてヒ素が取り沙汰されたこともあったが、現在ではあまり支持されていない。

恒星内部では、１０００万℃を超える超高温で超高圧の状態になっていて、核子が次々と合体してエネルギーを発する核融合がおきている。合体の際に総質量が減少することによって、質量エネルギーが解放されるのである。超高温によって引き起こされるので「熱核融合」と呼ばれる。この熱核融合が、サーモスタットのような効果で、一定の割合で安定して進行することで、恒星は一定の明るさで輝き続ける。

まずは水素が４つ集まって、質量数４のヘリウム４ができる。その後はヘリウム４が合体して、質量数１２の炭素１２ができる。炭素に水素が２つ加わると窒素１４ができ、４つ加わる

図終-1　星が生まれつつある星間ガス．ハッブル宇宙望遠鏡，スピッツァー宇宙望遠鏡，チャンドラ宇宙望遠鏡による，可視光，赤外線，X線のデータをあわせた画像．X線データ：NASA/CXC/Univ. Potsdam/L. Oskinova *et al.*；可視光データ：NASA/STScI；赤外線データ：NASA/JPL-Caltech.

と酸素16ができる。このあたりの元素で水や有機物が作られる。

酸素は、炭素12にヘリウム4が加わってもできる。ヘリウム4がさらに付け加わると、ネオン20、マグネシウム24、ケイ素28、イオウ32というように、質量数が4の倍数の元素が次々とできていく。酸素、ケイ素、マグネシウムなどでできた鉱物がマントルを構成する。

熱核融合の最後は質量数56の鉄ができる。鉄は一番安定な原子核なので、核融合ではこれ以上重い元素はできない。この鉄が主成分となって、地球型惑星のコアを作るのである。

質量数が30のリン30は酸素が合体して水素が2つ抜けるという、単純ではないプロセスで形成されるので、存在度は炭素や酸素に比べて1000分の1くらいしかない。ただし、リンは高温でも凝縮し、ハビタブル・ゾーンでも固体で存在するので、惑星が取り込む困難はない。

太陽型星の場合は、やがて赤色巨星になり、外層が吹き飛ばされて、中心部が白色矮星となって進化は終わるのだが、この進化プロセスのなかでの元素合成は、ヘリウムができて、炭素・酸素が若干できるところで終わってしまう。もっと重い恒星では、さらに重い元素が合成され、最後に超新星爆発をおこす。超新星爆発の際に次々と核子が衝突して質量数が大きなウラン、トリウムなどの放射性元素ができる。放射性元素のカリウム４０も超新星爆発時の急激な核融合反応で合成される。これら放射性元素は、惑星の熱源になる。

銀河系の恒星は軽いものほど多い。一番多いM型星では、ヘリウムまでしかできないし、そもそも推定される寿命が銀河系年齢よりも長いので、銀河系でのガスの輪廻には加わっていない。次に多いのは太陽型星(スペクトル型で言うとK型、G型、F型星あたり)で、寿命は１００億年程度であり、銀河系の年齢に近い。つまり、銀河系での元素合成に寄与しているのは、主にそれより重い恒星(スペクトル型で言うとA型、B型、O型星)である。

超新星爆発をおこす恒星や、鉄の形成まで行くような恒星は数が少なくなる。炭素とか酸素を作る恒星はそれほど少なくないので、銀河系の中で万遍なくばらまかれるのに対して、それより重い元素や放射性元素を放出する恒星はまばらなので、どうしても存在度にばらつきができてしまう。例えば、銀河系円盤にある太陽型星の鉄の存在度は10倍くらいの範囲のばらつきがある。炭素や酸素といった元素にもばらつきはあるが鉄よりは幅は小さい。つまり、鉄コアの割合や熱源となる放射性元素の量には惑星系によって、そこそこのばらつきがありそうである。

ここで見たように、地球自身も、海も、そして私たち自身の体も、銀河系の100億年以上の歴史の上に成り立ち、銀河系での重い恒星がまばらであることで、元素組成にばらつきが生じているのである。

銀河ハビタブル・ゾーン、ハビタブル銀河

銀河系中心部分は星生成率が高いので、重元素が多いという傾向もある。系外惑星の存在度と中心星の重元素存在度の関連については調べられているが、巨大ガス惑星の存在確率、特にホット・ジュピターの存在確率は、中心星の重元素存在度が高くなるほど、急速に上がることがわかっている。スーパーアースの存在は、中心星の重元素存在度にあまり関係しないようであるが。

すでに述べたように、ホット・ジュピターやエキセントリック・ジュピターが存在する惑星系では、ハビタブル・ゾーンに地球型惑星が安定に存在することは難しい。ということは、銀河系中心部分では惑星系は存在するかもしれないが、巨大ガス惑星ばかりで、生命を宿すことが可能な惑星は少ないかもしれない。一方で、あまり銀河のへりに行くと、重元素が少なく、大気を保持するのに十分な大きさの惑星があまりできなくなるかもしれない。このような傾向や宇宙線や紫外線の強さなども考えて、「銀河ハビタブル・ゾーン」という概念も提唱されている。重元素は宇宙の歴史のなかで、だんだん増えていくはずなので、銀河ハビタブル・ゾーンはだんだん外側に移動すると思われる。

さらには、星生成率は銀河ごとにずいぶんと異なるようなので、惑星を作り、生命を作る適量の重元素を持つ銀河と、少なすぎたり、多すぎたりする銀河もあるはずである。つまり、「ハビタブル銀河」という概念も可能である。重元素存在度は、他の銀河の星でもある程度は観測可能であり、今後、銀河の形成進化、銀河の分類という問題を惑星、生命という切り口で考えるという議論も発展していくかもしれない。

太陽系や地球は普遍的か？

惑星の話に戻ろう。「太陽系や地球は普遍的か？」という問いがよく発せられる。ことさら太陽系と地球を取り出すというのは「私の視点」であり、普遍的かというのは無数にある系外惑星系との比較においてということなので「天空の視点」である。つまり、まさに「私」と「天空」が絡まった問いである。

系外惑星が発見されはじめ、やっと1天文単位以内の巨大ガス惑星が検出できるようになった頃、欧米の研究者たちは「太陽系や地球は特別な存在」ということをくり返し主張した。ただし、ここでは、あくまでも惑星質量や軌道半径、中心星質量という性質だけに注目しての話だが。ホット・ジュピターなどの異形の惑星は観測しやすいので、当初、続々と発見され、とても目立った。だから、そう言いたくなる気持ちも全く理解できないわけではないが、筆者は「まだ、そこまで結論できるほどデータは揃っていない。惑星形成理論からは、太陽系のような惑星系、地球のような惑星は、一定の割合で存在してもいいと示唆される」と主張した。だが、そういう主張は少数派であった。

しかし、すでに見てきたように、観測データが揃ってくると、地球型惑星の存在確率は従来の惑星形成理論から推定されるよりも、むしろ高いくらいであることがわかった。ハビタブル・ゾーンの地球サイズの惑星ですら、無数と言っていいほど存在しそうである。もちろん、第1章で指摘したように、まだ太陽系に類似した惑星系は、ぎりぎり検出限界外にあり、正確にはまだわからない。しかし、それでも欧米の研究者は、依然として「太陽系や地球は特別な存在」と主張するケースが少なからずあることも第1章で述べた。

私たちの地球や生命、人類の存在につながる問題や宇宙の始まりといった形而上学的な問題において、人の考えは、そのバックグラウンドにある文化に大きく左右される傾向があると思われる。キリスト教文化のなかにいる西洋人と、八百万の神というような、ふわふわしたものの上にゆるく他の宗教や文化が幾重にも重なっている不思議な文化のなかにいる日本人とでは、当然、感覚は異なる。西洋人にとっては「太陽系や地球は特別な存在」と主張したくなったり、「地球に似ているかどうか」が最大の関心事になったりするのは、自然なのであろう。

科学者でも、専門とする分野の文化が影響する場合がある。前著『地球外生命』(岩波新書)では、生物学者は「地球外生命なんていない」と考えがちなのに対して、天文学者や物理学者は「たくさんいるはずだ」と考えがちだと書いた。これは、生物の高度な複雑性を生身で知っている生物学者(「私の科学」派)と、地動説に始まる「宇宙において中心はなく、平等だ」という考えのもとに思考している天文学者や、宇宙における普遍的な物理法則を考えている物理学者

（「天空の科学」派）との間のバックグラウンドの違いを反映していると言っていいだろう。

生命を宿す惑星はどれくらいあるのか？

ここまでは惑星の質量や軌道の話であるが、その点だけで地球に似ている惑星は、銀河系内に無数に存在する。だが、生命という「奇跡」とも思える存在を抱く惑星が無数にあるということには、人々は不安とも言える忌避感を抱くようだ。そこで、第1章、第4章でも述べたように、地球の特徴を次々と並べたてて「地球に似た惑星」の存在確率をどんどん低くして、「類稀なる奇跡の地球」という概念に合致させようとする議論が出てくるのである。だが、宇宙で唯一になってしまうという孤独への忌避感も一方ではあるので、多少条件を緩めて、銀河系であと何個かはある程度だと考えて「第二の地球を探せ」というフレーズも現れたりする。

これは客観的推論というわけではなく、人間心理によるロジックの面が強い。このようなロジックは一般の人々やメディアだけではなく、研究者も採用することが多い。筆者自身も地球の特徴を次々と並べるというロジックを使った本をかつて書いたこともある。

このような人間心理が入り込んでくるところが、系外惑星研究の面白さであり、そういうロジックを批判しているわけではない。重要なことは、「私の視点」と「天空の視点」が交錯していることをきちんと意識することである。

生命が存在できる惑星の条件＝ハビタブル条件は、まだ明らかになっていない。その議論だけで一研究分野をなすほどのものである。第5章で議論の整理を試みたが、現段階では、研究者によって、いろいろな意見がある。第5章での筆者なりの結論は、プレート・テクトニクスの駆動、磁場の存在、安定な気候というような地球物理学的な条件は、もちろん重要であることに異論はないが、これらの条件に対する私たちの理解はまだ足りておらず、系外惑星の議論に適用するのは早いのではないかということである。それに対して、水・炭素・窒素の供給があるか、という観点であれば、惑星形成理論および観測された系外惑星系の軌道分布から予測可能であり、惑星大気の観測からある程度の実証を得られるはずである。まずはそこから攻めるべきではないかと思う。

また、ハビタブル条件を、惑星の質量・軌道、水・炭素・窒素の供給にまで条件を捨象してしまうと、太陽系に似た惑星系である必要も、地球に似た惑星である必要もなくなり、さらには惑星である必要もなくなる。第5章では、M型星のハビタブル・ゾーンの惑星や巨大ガス惑星の衛星などの、「異界」のハビタブル天体を議論した。

系外惑星の発見の猛烈な進展によって「太陽系中心主義」は崩れ去り、「私の科学」が色濃かった、ハビタブル惑星の議論においても「地球中心主義」は崩れ去ろうとしている。

バイオ・マーカーの観測

2020年代に完成予定のTMTやE-ELTによって、ハビタブル・ゾーンの惑星の分光観測ができるようになると、惑星表層環境の情報だけではなく、そこに生息している生命の情報も得られるかもしれない。ここでは簡単に生命存在の兆候(バイオ・マーカー)の観測のアイデアを紹介しよう。系外惑星のスーパーアースに住んでいるかもしれない生命はどんな姿か、さらに知的生命はどうかといった話題にまで大きく想像を広げた話については、『地球外生命』(岩波新書)を参照してほしい。

オーソドックスなアイデア(といっても系外惑星発見後に出てきた考えだが)は、大気の分光観測そのものから探り出そうという考えである。第4章でも述べた、化学的に非平衡と思われる大気組成、例えば、大気中から取り除かれやすい酸素やメタンが検出されれば、生命の存在の証拠になるという考えだ。

他にも、地球の植物が、光合成で使っている可視光から波長がずれた赤外線を非常に強く反射しているという性質を一般化したアイデアもある。惑星は点でしか見えないが、自転しているはずなので、植物が繁茂する大陸からの強い赤外反射が自転周期ごとに見えたら、植物という高等生命がいる証拠になるのではないかということである。

もちろん、たとえば、紫外線によって水蒸気が水素と酸素に分解されて、酸素が大気に供給され得るし、「局所的にエントロピーを減少させて平衡からずらすもの」という生命の定義がどこまで地球外生命にも成り立つのかもわからない。植物という進化段階がどの程度一般的なのか、光合成というメカニズムは一般的なのかもよくわからないというのが正直なところだろう。

一方で、バイオ・マーカーが見つからなかったからといって、価値がないという考えは持つべきではないだろう。地球生命とは全く違う仕組みの生命だと、それをわれわれが生命だと、すぐには認識できないだけかもしれないからである。

あまりに悲観的にアラを探しても仕方ない部分もある。なぜなら、観測してみたら何が出てくるのかわからないからだ。とにかく、観測にチャレンジして格闘していくしかないであろう。

生命の起源と進化、地球外生命

地球生命は、微生物も植物もわれわれ人類も、単一の遺伝暗号、決まった２０種類のアミノ酸を使う一系統の生命である。われわれが現在知っている生命は、この地球生命というたった一つの例だけである。だが、系外惑星は、液体の水(海)を持つものでも、その海の形態や他の大気・気候やプレート・テクトニクス、磁場、中心星紫外線・X線などの表層環境には大きな多様性があるであろう。ハビタブル・ムーンのように惑星でないものも、表面ではなく、地下に海を持つものもあるであろう。

地球と似た表層環境であっても、多様な生命が生まれ、進化しているかもしれないが、これだけ多様な環境があれば、宇宙における生命の可能な多様性ははかりしれない。系外惑星の例を考えれば、地球生命の仕組みがいかに合理的に見え、普遍的に見えても、その姿に引きずられてはならないであろう。

ハビタブル・ゾーンの系外惑星のバイオ・マーカーの観測は、2020年代における大きなチャレンジである。「生命とは何か?」「生命の起源とは?」という根源的な問いに迫っていくためには、地球生命だけの研究では限界があるであろう。太陽系の知識だけでは、惑星系とは何かということがまるで理解できていなかったこと、他の多様な系外惑星系を知ることが重要だったことは、本書をここまで読んでもらえれば、わかってもらえると思う。生命においても地球の一系統の生命とは異なる別の系統の生命の知見が是非とも必要である。バイオ・マーカーの観測はもちろん限られた情報しか得られないが、多数のサンプルがあり、統計的な議論ができるかもしれない。エウロパやエンケラドスならば、実際に探査機を飛ばして、その場で解析ができるかもしれない。観測や探査は、やってみると、思いもよらない発見が出てくることも多い。今後のバイオ・マーカーの観測で、「生命とは何か?」「生命の起源とは?」、そして「地球外に生命はいるのか?」といった根源的な問いに対しても何か切り口が得られるならば、それはすごいことだ。

ハビタブル惑星研究の意義

ハビタブル条件、ハビタブルな天体という概念は拡大しながらも現状では彷徨っていて、行き先はよくわからない。そういうときは、観測データを重視して、そこから糸口を見つけるべきであろう。

まずは、高精度の天文観測によって、（バイオ・マーカー云々の話に一足飛びに行くのではなく）惑星表層環境のデータを集めることが先決である。軌道・質量・サイズといった力学情報に加えて、化学的な情報、大気などの表層環境の情報を徹底的に探り、「別世界」を知ること、それがハビタブル惑星研究の意義であると思う。

図終-2　探査機ニューホライズンが撮影した冥王星の表面地形(NASA)．白い滑らかな部分の下には海があるかもしれないと言われている．

惑星表層環境に関してだけでも、思いがけない発見があるであろう。ハビタブル・ゾーンの惑星は液体の水を持つかもしれず、そのことによって単なる岩石惑星や氷惑星より遥かに豊かで多彩な惑星表層環境を持つと期待される。「単なる氷惑星」だろうと想像していた冥王星でも、実際に探査機ニューホライズンが行って見ると、想像を遥かに超えた表層環境を持っていた。海が加わった場合、どれだけ多様な豊穣の世界が広がっているのか、想像もつかない。

もちろん、それにプラスして、地球外生命の情報の一片でも得られたら、それは人類の世界観を揺るがす、とんでもない発見になることは、言うまでもないことだ。

おわりに

人々が日々の生活と無関係な、宇宙のはて、ビッグバン前の量子宇宙、ブラックホールといった「あの世の科学」に強い興味を持つということは、考えてみると不思議なことだ。欧米では系外のハビタブル惑星、地球外生命といったことにも人々は強い興味を示すが、それと比較すると、日本では人々の興味はより強く「あの世の科学」に向いているようである。超越者的な宗教観をあまり強く持たなかった日本の文化的背景の反動なのかもしれない。

だが、日本でも若い人たちと話すと、ハビタブル惑星、地球外生命といったことに興味を示す人は増えている。考えてみれば、今、大学に入ってくる人たちは生まれたときにはすでに系外惑星が発見されていた。ものごころついたときには、スーパーアースが発見され、エンケラドスからの噴水も発見された。つまり、今の若い人たちにとっては、系外惑星の存在は当たり前だし、地球外生命にもリアリティが感じられるのは当然なのである。

2016年には隣の恒星のプロキシマ・ケンタウリに、海を持つかもしれない地球サイズの惑星が発見された。2018年にはトランジット法での全天サーベイを行うTESS宇宙望遠鏡が打ち上げられる予定で、ハッブル宇宙望遠鏡を遥かに凌ぐ口径6・5mのジェイムズ・ウェッブ宇宙望遠鏡(JWST)の打ち上げも迫っている。2020年代には、地上の超大型望遠鏡(TMT、E-ELT)は系外ハビタブル惑星のバイオマーカーを観測するかもしれないし、超大規模電波望遠鏡群SKAが系外ハビタブル惑星に住む知的生命の電波を検出するかもしれない。これらは大げさに言えば、人々の宇宙観、世界観というものを変えていくであろう。

一方で、ネットはさらに発達して人の体の一部となり、ビッグデータや人工知能は産業を一変させ、再生医療の発達によって人が病気で死ぬことはなくなるかもしれない。

科学、技術の急速な発展は人間のあり方を変えていくであろう。その結果として科学や技術の方向性も変わっていくはずである。人の心の問題は、科学や技術の発展と独立に考えることは、もはやできない時代に入ってしまったのかもしれない。その中で、「天空」と「私」が交錯する系外惑星はひとつの大きなファクターとなっていくかもしれない。何か、楽しみなような、一方で気が遠くなるような不思議な感覚を覚える。

2017年1月

井田　茂

井田 茂

1960年生まれ．京都大学理学部卒業，東京大学大学院理学系研究科地球物理学専攻修了
現在─東京工業大学地球生命研究所教授
専攻─惑星系形成論
著書─『地球外生命　われわれは孤独か』岩波新書(長沼毅氏との共著)，『系外惑星──宇宙と生命のナゾを解く』ちくまプリマー新書，『系外惑星』東京大学出版会，『系外惑星の事典』朝倉書店(共編著)ほか

系外惑星と太陽系　　岩波新書(新赤版)1648

2017年2月21日　第1刷発行

著　者　井田　茂（いだ しげる）

発行者　岡本　厚

発行所　株式会社 岩波書店
〒101-8002 東京都千代田区一ツ橋2-5-5
案内 03-5210-4000　営業部 03-5210-4111
http://www.iwanami.co.jp/

新書編集部 03-5210-4054
http://www.iwanamishinsho.com/

印刷・三陽社　カバー・半七印刷　製本・中永製本

ISBN 978-4-00-431648-0　　Printed in Japan

岩波新書新赤版一〇〇〇点に際して

ひとつの時代が終わったと言われて久しい。だが、その先にいかなる時代を展望するのか、私たちはその輪郭すら描きえていない。二〇世紀から持ち越した課題の多くは、未だ解決の緒を見つけることのできないままであり、二一世紀が新たに招きよせた問題も少なくない。グローバル資本主義の浸透、憎悪の連鎖、暴力の応酬——世界は混沌として深い不安の只中にある。

現代社会においては変化が常態となり、速さと新しさに絶対的な価値が与えられた。消費社会の深化と情報技術の革命は、種々の境界を無くし、人々の生活やコミュニケーションの様式を根底から変容させてきた。ライフスタイルは多様化し、一面では個人の生き方をそれぞれが選びとる時代が始まっている。同時に、新たな格差が生まれ、様々な次元での亀裂や分断が深まっている。社会や歴史に対する意識が揺らぎ、普遍的な理念に対する根本的な懐疑や、現実を変えることへの無力感がひそかに根を張りつつある。そして生きることに誰もが困難を覚える時代が到来している。

しかし、日常生活のそれぞれの場で、自由と民主主義を獲得し実践することを通じて、私たち自身がそうした閉塞を乗り超え、希望の時代の幕開けを告げてゆくことは不可能ではあるまい。そのために、いま求められていること——それは、個と個の間で開かれた対話を積み重ねながら、人間らしく生きることの条件について一人ひとりが粘り強く思考することではないか。その営みの糧となるものが、教養に外ならないと私たちは考える。歴史とは何か、よく生きるとはいかなることか、世界そして人間はどこへ向かうべきなのか——こうした根源的な問いとの格闘が、文化と知の厚みを作り出し、個人と社会を支える基盤としての教養となった。まさにそのような教養への道案内こそ、岩波新書が創刊以来、追求してきたことである。

岩波新書は、日中戦争下の一九三八年一一月に赤版として創刊された。創刊の辞は、道義の精神に則らない日本の行動を憂慮し、批判的精神と良心的行動の欠如を戒めつつ、現代人の現代的教養を刊行の目的とする、と謳っている。以後、青版、黄版、新赤版と装いを改めながら、合計二五〇〇点余りを世に問うてきた。そして、いままた新赤版が一〇〇〇点を迎えたのを機に、人間の理性と良心への信頼を再確認し、それに裏打ちされた文化を培っていく決意を込めて、新しい装丁のもとに再出発したいと思う。一冊一冊から吹き出す新風が一人でも多くの読者の許に届くこと、そして希望ある時代への想像力を豊かにかき立てることを切に願う。

（二〇〇六年四月）

岩波新書より

自然科学

人物で語る数学入門	高瀬正仁
高木貞治 近代日本数学の父	高瀬正仁
桜	勝木俊雄
エピジェネティクス	仲野徹
算数的思考法	坪田耕三
地球外生命 われわれは孤独か	長沼毅・井田茂
科学者が人間であること	中村桂子
富士山 大自然への道案内	小山真人
近代発明家列伝	橋本毅彦
川と国土の危機 水害と社会	高橋裕
適正技術と代替社会	田中直
四季の地球科学	尾池和夫
地下水は語る	守田優
キノコの教え	小川眞
宇宙から学ぶ ユニバソロジのすすめ	毛利衛
宇宙からの贈りもの	毛利衛
心と脳	安西祐一郎
職業としての科学	佐藤文隆
宇宙論への招待	佐藤文隆
津波災害	河田惠昭
太陽系大紀行	野本陽代
偶然とは何か	竹内敬
ぶらりミクロ散歩	田中敬一
超ミクロ世界への挑戦	田中敬一
冬眠の謎を解く	近藤宣昭
人物で語る化学入門	竹内敬人
ダーウィンの思想	内井惣七
宇宙論入門	佐藤勝彦
タンパク質の一生	永田和宏
疑似科学入門	池内了
ウナギ 地球環境を語る魚	井田徹治
数に強くなる	畑村洋太郎
人物で語る物理入門 上・下	米沢富美子
宇宙人としての生き方	松井孝典
私の脳科学講義	利根川進
木造建築を見直す	坂本功
市民科学者として生きる	高木仁三郎
科学の目 科学のこころ	長谷川眞理子
地震予知を考える	茂木清夫
水族館のはなし	堀由紀子
生命と地球の歴史	丸山茂徳・磯﨑行雄
生命の起原と生化学	オパーリン 江上不二夫編
量子力学入門	並木美喜雄
科学論入門	佐々木力
相対性理論入門	内山龍雄
ブナの森を楽しむ	西口親雄
細胞から生命が見える	柳田充弘
摩擦の世界	角田和雄
からだの設計図	岡田節人
孤島の生物たち	小野幹雄
大地動乱の時代	石橋克彦
日本酒	秋山裕一